牧场奶牛福利推广实施体系

Welfare promotion and implementation system for dairy cattle in farm

内蒙古蒙牛乳业（集团）股份有限公司
INNER MONGOLIA MENGNIU DAIRY (GROUP) CO.,LTD

中国农业出版社
北　京

图书在版编目（CIP）数据

牧场奶牛福利推广实施体系 / 内蒙古蒙牛乳业（集团）股份有限公司编著. —北京：中国农业出版社，2020.6

ISBN 978-7-109-26864-7

Ⅰ. ①牧…　Ⅱ. ①内…　Ⅲ. ①奶牛—牧场—经营管理　Ⅳ. ①S823.9

中国版本图书馆CIP数据核字（2020）第087926号

牧场奶牛福利推广实施体系

MUCHANG NAINIU FULI TUIGUANG SHISHI TIXI

中国农业出版社出版

地址：北京市朝阳区麦子店街18号楼

邮编：100125

责任编辑：张丽四　贾　彬

责任校对：刘丽香

印刷：中农印务有限公司

版次：2020年6月第1版

印次：2020年6月北京第1次印刷

发行：新华书店北京发行所

开本：787mm × 1092mm　1/16

印张：6.75

字数：100千字

定价：36.00元

编辑委员会

序　一

当今全球奶业已达成共识，牧场生产体系必须能够保障人类和奶牛的健康，更要注重动物福利和环境保护。蒙牛成立二十多年来，始终将动物福利作为企业社会责任体系的关键一环常抓不懈。作为中国奶业领军企业和国际乳品联合会（IDF）事业的积极参与者，提升动物福利保护水平、推广福利养殖理念与技术是蒙牛应有的责任。

蒙牛全面研究国际先进理论与经验，深入总结分析多年来在奶牛养殖中的经验，总结出了一套既顺应国际发展趋势，又符合中国国情的奶牛福利管理体系，并在其基础上编写了这本《牧场奶牛福利推广实施体系》。相信本书在填补国内动物福利管理体系领域空白的同时，也将对全国牧场做好动物福利、推动提质增效起到参考作用。

随着国家经济水平、人民生活水平的不断提高和生态文明建设的深入推进，食品安全、营养健康、可持续发展等方面，都对奶业提出了更高的要求。动物福利、食品安全与人类健康紧密相关。提高奶牛福利、建立可持续的发展模式一直是中国奶业人共

同的愿景和努力方向。我们善待奶牛，为它们提供良好的生活环境，让它们以自然的方式生长，它们会感到更舒适、更快乐。快乐的奶牛会更加健康，能够生产出质量更好的牛奶。福利养殖是奶业发展的必然方向，它让奶牛更健康，让食品更安全，让牛奶更优质，从而也让牧场能够实现可持续发展，惠及我们的企业、我们的行业和广大消费者。今天，正有越来越多的中国企业开始重视动物福利并从中受益。这印证了食品安全、福利养殖与可持续农业经营模式之间相辅相成的紧密联系。

奶业是健康中国、强壮民族不可或缺的产业，奶业做优做强是实现“健康中国梦”的必要前提和重要标志。蒙牛致力于“守护人类和地球的共同健康”，以更优质的产品服务国民健康，以更全面的扶持推动牧业发展，为国家奶业振兴的早日实现当好“排头兵”。在这一过程中，带动全行业认识和践行福利养殖，是我们的应有之义。

希望《牧场奶牛福利推广实施体系》的出版，能够对奶业同仁提升福利意识、掌握专业本领、提高管理水平、收获更优质奶源、取得更好的效益等方面有所助益。蒙牛呼吁更多同仁采用全新的福利养殖管理模式，这不仅能够有效改善国内数百万头奶牛的生活现状，更将对中国奶牛养殖行业的发展、对中国奶业的振兴产生不可估量的推动作用。

内蒙古蒙牛乳业（集团）股份有限公司总裁 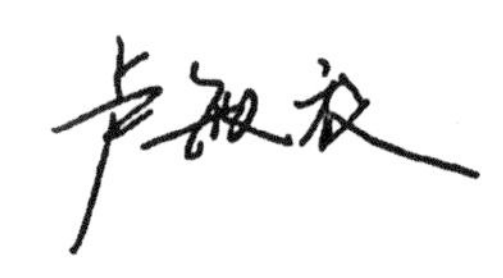

序 二

牛奶是大自然赐予人类最为完美、最为理想的食品，几乎含有人体所需要的所有营养素。奶业是健康中国、强壮民族不可或缺的产业。经过70年的发展壮大，我国已是名副其实的奶类生产、加工和消费大国，产业素质全面提升，质量安全水平大幅提高，转型升级明显加快，现代奶业格局初步形成，全面振兴新征程已然全面开启。

奶源是奶业发展的根本和关键。没有数量足和质量优的奶源支撑，奶业发展形如无源之水、无本之木，终将枯竭。蒙牛编著《牧场奶牛福利推广实施体系》，倡导牧场奶牛福利养殖，这是奶牛养殖创新提升的关键举措，是奶源建设跨越发展的重要抓手，对保障奶牛健康和提升牛奶品质具有非常重要的指导作用，对健康中国、强壮民族和奶业振兴具有十分重要的促进作用。

本书通俗易懂、可操作性强，是国内第一本关于奶牛福利方面的实操手册。本书借鉴国际先进经验和典范做法，参考目前世界最全面和最具权威性的《农场动物福利商业基准》，紧扣动物福利五项基本要素，生理福利（动物无饥渴之忧虑）、环境福利（动

物有适当的居所)、卫生福利(减少动物的伤病)、行为福利(保证动物表达天性的自由)、心理福利(减少动物恐惧和焦虑的心情)的内涵和要求，围绕奶牛养殖的全链条、各环节，有针对性地提出福利关键点和实操规范。对牧场奶牛福利养殖而言，本书是一本开卷有益的实用工具书，颇具引领性、指导性和可操作性。

福利养殖提供最舒适的环境，实施最科学和最合理的干预，让动物健康生长，让动物生产出更多、更好、更安全的产品。蒙牛以打造世界品质、铸造世界品牌为目标，以可持续发展和和谐共赢为理念，积极践行行业领军企业的责任和担当，科学设计、精心编著《牧场奶牛福利推广实施体系》，将动物福利植入牧场生产实践，为牧场奶牛福利推广实施吹响了号角、提供了参考和给予了指导。

希望本书的编著出版，能充分发挥四两拨千斤的作用，积极引领行业践行奶牛福利精神和做法，助推行业健康可持续发展。通过推广实施福利养殖，不断改善养殖环境，不断优化生产管理，持续提升牧场奶牛福利水平，让奶牛更健康、牛奶更优质、运营更高效、竞争更有力。通过加强牧场奶牛福利养殖宣传，让广大消费者更全面、更充分了解一滴牛奶的诞生，放心消费，增加消费。

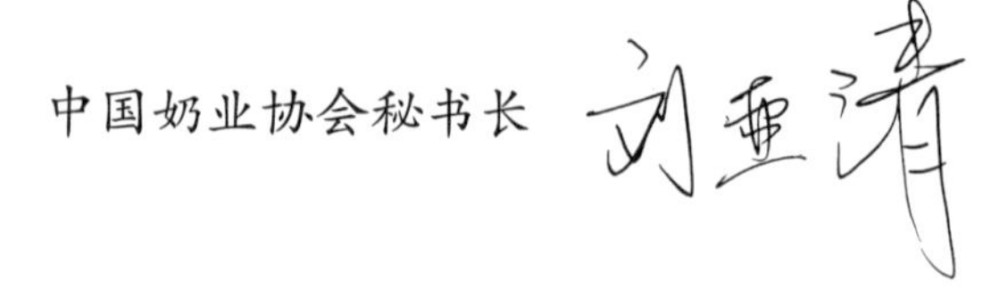

中国奶业协会秘书长

序　三

奶牛同人类一样是具有生命和情绪的动物，虽不能像人类一样将各种情绪充分表达，但当她们有不同的感情和动机时，她们同样会表现出不同的行为。在让奶牛为我们提供营养生物产品的同时，我们也有必要善待关怀她们，这不仅是人类和动物和谐共处的文明体现，也是奶牛养殖业健康、可持续发展的需求。奶牛在良好福利环境下可以心情愉悦地采食、饮水、挤奶、休息和社交，这种无应激状态下生产的牛奶是最优质的，这无疑可以保障奶牛更健康，同时也可以使消费者通过了解养殖者对奶牛的关爱增强对品牌的忠诚度。随着我国社会经济发展和消费不断升级，乳制品作为日常必需的优良营养食品，具有丰富的蛋白质、脂肪、钙等营养成分，但奶牛是如何饲养的，每天她们吃什么、喝什么，受到惊吓吗，是怎么挤奶的，牛奶是如何存放、运输和加工的，这些奶牛在生长、生产过程中的人为因素会直接或间接地影响到奶牛的健康以及牛奶品质，这既是消费者关心的焦点，也是未来奶业可持续发展的核心要素。

西方发达国家动物福利已经发展了两个世纪，而中国的动物

福利事业刚刚起步。截至目前，我国还没有正式的奶牛福利操作标准出台，本手册很好地填补这一空白。

本手册根据国内奶牛养殖业发展现状，系统总结梳理了国内60个示范牧场的实践经验，借鉴国外成功模式，采纳国家奶牛产业技术体系的指导建议，从牧场实用角度出发，分别从福利体系、操作手册、评估细则三方面入手，对奶牛生理福利、环境福利、卫生福利、行为福利和心理福利五大福利的要求、标准操作程序、评估和改善进行了详尽阐述，是一本指导中国奶牛福利化养殖的理论和实践指导手册。该手册内容详实，图文并茂，知识体系系统性强，适合国内大专院校、科研单位以及奶牛养殖业一线人员学习。

奶牛福利的推广可以大大延长奶牛寿命、减少淘汰、增加产量，综合效益可观，因此在牧场中实施奶牛福利意义重大。相信本体系手册的出版将对奶牛养殖业产生健康积极的引领作用。

国家奶牛产业技术体系首席科学家 

前　言

中国乳业经过近20年的快速发展，目前已经有了巨大变化。在乳品产业的上游环节，牧场奶牛的饲喂、挤奶、品种改良、兽医保健等流程均有了根本改变，奶牛单产水平有了大幅提高。那么在目前这种养殖模式下，我们牧场未来的发展重点是什么？有没有既能兼顾健康、品质、效益又能保证可持续发展的工作呢？答案是肯定的，那就是牧场奶牛福利工作。

西方发达国家的动物福利事业已经发展了两个世纪，而中国的动物福利事业刚刚起步。截至目前，我国还没有正式的奶牛福利法律法规出台，也没有建立奶牛福利相关标准。就国外奶牛福利成果和国内大型奶牛养殖企业奶牛福利实践成效来看，奶牛福利的推广可以大大延长其寿命和增加牛奶产量，奶牛寿命可增加1.5胎以上，牛奶单产可增加10% ~ 20%，综合效益可观。

另外，随着社会发展和消费升级，乳品作为动物源性食品除了常规安全营养指标要达标外，奶牛的生长、生产过程也逐渐受到消费者的关注。

奶牛同人类一样，是具有生命和情绪的动物，虽不能像人类

一样会将各种情绪充分表达出来，但她们也能感受到不同程度的痛苦和悲伤。在让奶牛为人类服务的同时，我们也有必要善待她们，这不仅是人类和动物和谐共处的文明体现，也是动物源性食品行业的市场发展需求。在奶牛生长、生产过程中的各种人为因素都会直接或间接地影响到牛奶质量，这是消费者越来越关注的事情。人们相信奶牛在良好福利环境下生产的牛奶是最优质的，这无疑可以增强消费者的信心，同时对乳品企业参与国际竞争也提供了有力的帮助。

在目前的市场需求、消费观念和国际竞争环境下，倡导推动奶牛福利，保障奶牛在饲养、生产过程中享有相应的福利，是奶牛养殖行业应尽的责任，也是新时代赐予我们的机遇。

目　录

第二部分　牧场奶牛福利评估细则

第三部分　牧场奶牛福利评估操作手册

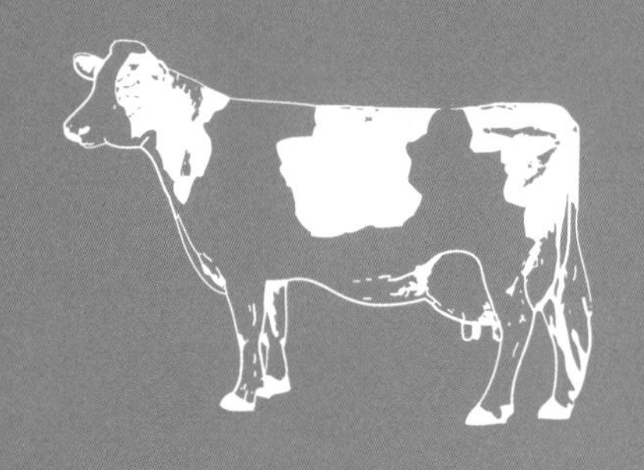

第一部分

牧场奶牛福利实施指导手册

一、

定义

奶牛福利是动物福利中的一部分，主要体现在五个方面：

生理福利：保证提供奶牛保持良好健康和精力所需要的食物和饮水。

环境福利：提供适当的房舍或栖息场所，让奶牛能够得到舒适的睡眠和休息，各阶段牛只所处的牛舍建筑物状态良好。

卫生福利：保证奶牛不受额外的疼痛，预防疾病并对患病奶牛进行及时治疗。

行为福利：让奶牛自然表达天性，根据奶牛的本能来制订相应的管理方案。

心理福利：避免奶牛遭受精神痛苦和暴力伤害，提供足够的空间、适当的设施以及与同类伙伴在一起的条件。

通俗地讲，奶牛的五项福利可以理解为五项自由，即：①免受饥渴的自由；②生活舒适的自由；③免受痛苦、伤害和疾病的自由；④表达天性的自由；⑤生活无恐惧感和悲伤感的自由。

让牧场奶牛享有五项自由，是奶牛福利的重要体现，也是推广奶牛福利的基础。

二、

生理福利——采食与饮水

关键点：

（1）为不同生理阶段的奶牛提供生存、发育、健康和泌乳所需的各种营养。

（2）采食设备在使用后进行清洁和消毒。

（3）充足的饲槽空间，保证所有奶牛可以同时采食，或24h不间断地为所有奶牛提供充足的饲料。

（4）为各年龄段的奶牛（包括喂奶犊牛）提供干净新鲜的饮水，维持机体正常的水分需求。

（一）采食

1. 目标

（1）为不同生理阶段的奶牛提供生存、发育、健康和泌乳所需的各种营养。

（2）采食设备在使用后进行清洁和消毒。

（3）充足的饲槽空间，保证所有奶牛可以同时采食，并24h不

间断地为所有奶牛提供充足的饲料。

2. 管理要求

牧场管理人员主要承担以下职责：

(1) 检查是否根据营养师建议的营养需求配制饲料，各种原/辅料是否精心混合。

(2) 每日记录干物质采食量。

(3) 监控奶牛产奶水平，根据情况调整日粮结构，确保饲料中蛋白质、能量、纤维、常量元素和微量元素含量的比例正确。

(4) 提供充足的饲槽空间，让所有奶牛可以同时采食。

(5) 定期检查含水量大的饲料（如青贮饲料）中的干物质含量。

(6) 定期检查原/辅料是否出现硝酸盐、霉菌毒素等污染，以及其他由土壤或气候及存放引起的问题 。

(7) 检查原/辅料质量是否符合生产商的声明。

牧场管理者应该对喂饲方案进行评估，确保能够满足奶牛生存、发育、产奶、健康和繁殖所需的基本营养需求，应该由经验丰富的营养师制作配方，以达到既满足奶牛营养需求又低成本的饲料配方。同时日粮的适口性是需要考虑的基础点，只有适口性好的日粮才会避免奶牛挑食，防止出现瘤胃充盈度不足和采食过量的牛。

奶牛采食的注意事项还包括饲料的品质与数量、饲槽管理以及饲料的合理存放。奶牛剩料应在当天清理，确保奶牛每天摄入新鲜饲料，预防霉变和害虫滋生。建议料槽地面光滑，有利于后续清洁。在使用青贮等高水分饲料时，这一点尤为重要。饲槽与

水槽以相距15m为宜，在方便饮水的同时可以降低饲槽被水源污染的风险。另外，安装喷淋装置时应注意与饲料槽保持合适的距离和角度，避免饲料受潮。注意每天多次（大于6次）推料，尤其要加强夜间推料。在采食过程中，要满足奶牛采食的习性，对大多数实行散栏自由采食TMR（全混合日粮）的奶牛饲养管理系统来说，每天饲槽中要保证20h以上有饲料，保证奶牛任何时候都能吃到新鲜的饲料。奶牛每天65% ~ 70%的干物质采食量是在白天采食的，另外，挤奶以后的奶牛采食欲达到高峰，因此挤奶后一定要让奶牛及时吃到充足新鲜的饲料。

在奶牛饲养过程中，要每天观察奶牛的粪便情况，并每周至少做一次粪便评分。根据评估结果找出粪便评分不合格的原因并及时采取措施。

妥善存放饲料原料，设计功能良好的散装饲料存放区，防止饲料遇潮，防止鸟害虫害、细菌或霉菌污染。在不同的存放区贴上对应信息标签以作区分，并控制储存温度、湿度。饲料储存区和牛舍要远离有毒有害物质。

（二）饮水

1. 目标

为各年龄段的奶牛（包括喂奶犊牛）提供干净新鲜的饮水，维持机体正常的水分需求。

2. 饮水管理

干净新鲜的饮水是保证奶牛健康和福利的关键。使用数量足、容量大的自动水箱、水槽、水桶等饮水设施给牛提供饮水，并保证奶牛在需要饮水时可以很方便地抵达饮水设施。低温天气下要使用恒温水槽来防止水结冰，如发生结冰应立刻给奶牛提供备用水源，奶牛饮水量估计见表1。

表1 奶牛饮水量表（体重750kg，日奶量20~50kg泌乳期奶牛，L/d）

牛奶产量(kg/d)	干物质采食量(kg/d)	平均最低气温（℃）				
		4	10	15	21	27
18	19	84	92	100	108	116
27	21	100	107	115	123	131
36	24.5	114	122	130	138	146
45	27	130	138	146	154	162

牧场内要提供多个饮水源。水源应设置在奶牛容易到达的地方，并且有足够的饮水空间，如安置在挤奶厅入口处、开放式牛栏旁或运动场，以便于牛群中所有的奶牛饮水。如条件允许，可在回牛通道增设水槽，以便奶牛在泌乳后迅速补充消耗的水分。水源离采食区的距离以15cm为宜。每日检查水槽浮球，补水流速应≥20L/min。

奶牛的嗅觉较灵敏，水中有异味会降低其饮水的欲望。因此水槽的卫生问题不容忽视，洁净的水槽不仅能保证奶牛足够的饮水量，还可以大幅降低奶牛患病概率。牧场应每天清洁水槽一次，

保证水槽中无过多饲料渣，无污物，无绿苔。

另外，考虑到奶牛的生理习性，水槽周围及附近不应有反光物或危险障碍，否则会影响奶牛饮水。

三、

环境福利——环境及舒适度

关键点：

（1）为各年龄段的奶牛提供一切合理的防暑防寒保护。

（2）制订减少空气中悬浮颗粒的方案，减少气味、灰尘和有害气体。

（3）为各年龄段的奶牛提供充足的居住空间，使它们能够轻松站立、躺卧、正常休息并可以看到其他牛群，而不存在受伤风险。

（4）除挤奶时间外，所有年龄段牛只都要有休息区域，该区域应隔热、防寒、干燥、防滑并铺垫好垫料。

（5）各类牛只通道应具备防滑功能，防止奶牛滑倒。

（6）产犊区应铺上柔软、干燥的垫草，保证照明和通风。

（一）奶牛生活环境

1. 目标

为各年龄段的奶牛提供一切合理的散热防寒保护。

2. 温度与湿度管理

环境温度影响动物的舒适性，舒适性又会影响动物行为、新陈代谢和生产力。动物感受到的温度以及温度对动物的影响是空气温度、湿度、空气流通、遮阴以及动物年龄、性别、体重、环境适应能力、活动水平、姿势、泌乳阶段、身体状况和饮食的综合结果。

新生犊牛的舒适温度区间为10 ~ 25.6℃，满月小牛和成年牛的舒适温度区间通常在0 ~ 22.8℃。除了新生犊牛以外，奶牛的御寒能力非常好。相比人类，奶牛对高温更为敏感，容易出现热应激，而且热应激的出现不是温度单一因素的绝对影响，是温度和湿度的综合作用效果。所以为了同时涵盖温度和相对湿度（空气中含水量）的影响，要参考温湿指数（THI），并在温湿指数达到68以上时采取防暑降温措施。

确定奶牛是否处于热应激状态，主要通过监测奶牛的呼吸频率。如果夏季牛群中有个别牛只的呼吸频率达到50次/min或更多，则意味着该牛群处于热应激状态。当奶牛出现热应激时，牧场管理人员应立即采取措施，减轻或消除热应激给奶牛带来的影响，其中主要包括：

（1）遮阴：牛喜好阴凉处，会主动寻找阴凉的地方，尤其是在太阳辐射增加时。遮阴是防暑降温的第一步，最好的方法是让牛群中的所有牛只都有地方遮阴，避免争抢。

（2）饮水：高产牛每天饮水需求会超过160L，所以奶牛必须获得充足的饮水，以满足牛在热应激状态下的饮水需求。建议在舍饲条件下，每个牛群至少有两个饮水槽，每头成年牛至少要有

20cm宽的饮水槽空间且饮水槽出水流量至少保持在20L/min。

（3）空气流通：牛生活、活动所需的最佳温度还要借助空气的流通，一般要求牛舍内空气流通速率达到1 ~ 2m/s。建议在待挤区、牛舍的卧栏中以及运动场阴凉处使用机械通风系统（隧道通风与对流通风）和风机。通风系统还可以更新圈舍内空气，避免氨气等有毒有害气体对奶牛产生影响，可以通过观察牛舍内是否结有蜘蛛网来判断是否通风顺畅。

（4）喷淋系统：直接将水喷淋在牛体表，同时配备风扇，达到蒸发降温效果。对大多数牧场来讲，待挤区是重点降温区域，降温设备要充足。当天气变冷时，牧场同样要对牛群进行干预，为全群提供更多饲料，以帮助它们保持体况，防风御寒。对于不满一个月的新生犊牛，尤其需要注意防贼风，必要时为其穿马甲。哺乳期犊牛需要干燥的垫草，尤其是在天气寒冷的季节，犊牛躺卧时垫草要没过腿部。对于发育中的犊牛，除了增加喂奶次数补充热量以外，还要提供更厚实的垫料来减少消耗。牧场要高度重视犊牛冬季保暖，断奶前小牛身体各项指标下降都可能是保暖不充分和热量过低造成的。

（二）空气质量

1. 目标

牧场要制定减少空气中悬浮颗粒、气味、灰尘和有害气体的方案。

2. 空气质量管理

提高空气质量的方法包括动物粪便管理、通过完善的自然或机械通风系统改善空气流通。在密闭牛舍中采用自然或机械通风方式，通过通风、减少微生物、减少水蒸气、消除空气污染和气味等方式，加之输入新风、置换出污浊空气，避免动物感染呼吸道疾病和其他疾病。将患有传染性疾病的动物与其他健康动物隔离开来，同时确保足够的通风率，能减少病原体经空气飞沫传播的风险。注意通风系统不要将受感染动物所在区域的空气带入健康动物所在区域。

通风会改变室内气温，所以通风同时需要保暖和降温手段的辅助。牛舍的设计应包含自然或机械通风系统，以实现冬天每小时至少4次换气，夏天每小时至少40 ～ 60次换气。

（三）躺卧区域

1. 目标

（1）为各年龄段的牛提供充足的居住空间，使它们能够轻松站立、躺卧并可以看到其他牛群，而不存在受伤风险。

（2）除挤奶时间外，所有年龄段牛只都有休息区域，该区域应隔热、温暖、干燥、防滑并铺垫好垫料。

2. 躺卧区域管理

在奶牛的一生中，它们会使用到不同的休息、采食和活动

区域。无论奶牛处于哪一年龄段，都要保证它们在设定的区域中能够站立、躺卧、正常休息，而散栏式或栓系式卧床的外观、大小和配置以及奶牛可利用的空间都是影响它们行为的因素。

奶牛大部分时候都喜欢躺卧，有时会为了找到一个能够躺下的空间而减少采食时间。因此，为奶牛提供数量充足、有垫料、隔热、干燥防滑并且可以降低受伤风险的休息区域非常重要。牛只数量与卧床数量的比例以小于1为宜。混凝土、橡胶垫、水床和地垫等材质的卧床必须铺满垫料；奶牛有了舒适的卧床，就会增加躺卧时间，从而降低跛行风险。相反，垫料不足会导致奶牛的躺卧时间减少并且会增加跛行和受伤的风险，所以躺卧面是否舒适是预测奶牛蹄部损伤的最重要依据。如果卧床上铺垫松软的沙面或干燥的沼渣，牛群跛行发生概率会长期低于那些使用松散、稀薄垫料的牛群。此外，提供合适的垫料、定期清理粪便还可以对乳房炎的控制提供帮助。卧床要经常进行疏松和整理，以保持表面清洁、柔软和干燥。松软的垫料能大大增加奶牛的上床率。判断卧床是否松软，比较直观的方法是“双膝跪地”，即管理人员只穿单层裤站立于卧床上，双膝自然下跪，若管理员膝盖没有感觉到明显疼痛，则表示卧床垫料松软，反则卧床需要改善。观察牛群时，若牛舍内奶牛上床率达到90%以上，也说明卧床舒适度较好，如果卧床舒适，奶牛就不会出现在过道躺卧的情况。

垫料要始终保持干燥。一系列研究表明，奶牛不喜欢在潮湿的垫料或泥地上躺卧，如果同时提供潮湿和干燥的卧床，奶牛会避开潮湿表面。另外，干燥也有助于保持垫料良好的保温性能，这对于生活在寒冷环境的犊牛来说尤其重要。

此外，牛栏的尺寸需要充分考虑牛只体型、牛的遗传改良及其对未来畜群体型的影响，以及牛只使用卧床时的行为。牛栏的大小应足够每一头牛正常躺卧而不影响周围的其他牛，设计时要考虑牛能否正常躺下和站起。一头牛完成正常的起立动作需要前冲空间，而且必须完全无障碍。牛栏越长牛的腿部发育就越健康，牛栏越宽，牛愿意躺卧的时间就越长。卧床的尺寸（卧床宽度、挡胸板、挡颈杆位置）应该以最大化牛的舒适程度和躺卧面积为设计目标。挡颈杆越高、距离卧床后沿越远，其对牛只束缚性就越小，能让牛完全进入牛栏，从而降低牛跛行发生的概率。若挡颈杆的位置使牛的四肢无法全部在卧床中站立，那么牛跛行的概率就会增加。奶牛尾部有损伤也说明卧床长度不够或后沿有不够光滑的地方。

奶牛从上卧床到躺卧，时间不超过1min且躺卧后的姿态各有不同，即视为卧床整体舒适度较好。同时，跗关节没有损伤也是卧床空间足够且舒适的一个重要指标。

运动场质量与奶牛跛行也密切相关，控制好锻炼强度与户外区域的质量就能有效减少牛蹄的损伤。

（四）空间容量

在散养式牛舍这样宽松的居住空间中，增加围栏中牛的数量会引发牛争抢饲料、卧床和水。在牛的管理中必须考虑到这些问题，以使同一牛栏内的每头牛都能获得充足的营养和饮水，而不用互相争抢。最好的做法是所有牛随时都能有一个舒适卫生的地方休息和采食（见表2和表3），牛舍过度饲养产生的影响复杂且难以解决。

表2　后备牛卧床尺寸估计

卧床尺寸（m）	体重（kg）			
	180 ~ 270	270 ~ 360	360 ~ 450	450 ~ 550
大约年龄、月龄（大体型荷斯坦牛）	6 ~ 10	11 ~ 13	14 ~ 16	17 ~ 21
大约年龄、月龄（小体型荷斯坦牛）	6 ~ 10	11 ~ 14	15 ~ 18	19 ~ 22
卧床长度	2	2.2	2.4	2.7
卧床宽度（中心位置）	0.9	0.95	1.05	1.15
到挡颈杆底部的高度	0.9	0.95	1.05	1.15
挡颈杆至卧床后沿距离	1.2	1.4	1.6	1.7
卧床后沿至挡胸板（最大高度8cm）距离	无建议		1.6	1.7
卧床隔栏内径	0.6	0.7	0.75	0.85
下方隔栏上边缘高度	0.2	0.2	0.25	0.25
后坎墙高度	0.15	0.2	0.2	0.2
隔栏后沿至卧床档杆后边缘距离	0.25	0.25	0.25	0.25
头对头式平台外侧坎墙到外侧坎墙距离	无建议		4.9	5.2

表3 成母牛卧床尺寸估计

卧床尺寸（m）	体重（kg）					
	450	540	635	725	816	907
卧床中心点间的距离（卧床宽度）（A）	1	1.15	1.2	1.25	1.35	1.45
卧床总长（B1）	2.45	2.75	2.75	3.05	3.05	3.2
头对头式卧床挡墙外沿距离（B2）	4.6	4.9	4.9	5.2	5.2	5.5
卧床后沿至挡胸板距离（C）	1.6	1.7	1.75	1.8	1.85	1.9
后坎墙宽度（D）	0.15 ~ 0.2	0.15 ~ 0.2	0.15 ~ 0.2	0.15 ~ 0.2	0.15 ~ 0.2	0.15 ~ 0.2
挡颈杆后沿与床垫卧床后沿的水平距离（普通床垫卧床）（E）	1.65	1.70	1.73	1.78	1.83	1.90
挡颈杆后沿与床垫卧床后沿的水平距离（厚实床垫卧床）（E）	1.47	1.52	1.57	1.64	1.68	1.75
隔栏后沿与卧床后沿的距离（F）	0.23	0.23	0.23	0.23	0.23	0.23
挡胸板距后沿上部（蓬松垫料卧床或床垫表面）的距离（G）	0.08	0.08	0.10	0.10	0.10	0.10

（续）

卧床尺寸（m）	体重（kg）					
	450	540	635	725	816	907
底部隔栏上端距后沿上部（蓬松垫料卧床或床垫表面）的距离（H）	0.25	0.25	0.30	0.30	0.33	0.36
隔栏内径（I）	0.75	0.85	0.85	0.9	0.9	0.9
挡颈杆至后沿上部（蓬松垫料卧床或床垫表面）的距离（J）	1.1	1.15	1.2	1.3	1.3	1.35
隔墙高度（K）	0.13 ~ 0.9	0.13 ~ 0.9	0.13 ~ 0.9	0.13 ~ 0.9	0.13 ~ 0.9	0.13 ~ 0.9
挡胸板至环形角的水平距离（L）	0.5 ~ 0.55	0.5 ~ 0.55	0.5 ~ 0.55	0.5 ~ 0.55	0.5 ~ 0.55	0.5 ~ 0.55
后沿高度（M）	0.20	0.20	0.20	0.20	0.20	0.20

研究称，如果仅改变散栏式卧床的数量，但喂饲空间不变，当牛栏的数量少于牛的数量时，牛躺卧的时间会减少，不仅如此，过度存栏与跛行、蹄部损伤的增加都有关系，还会降低产奶量。

运动场场地的设计应首先从场地的排水着手。建议每头牛面积以15 ～ 25m^2为宜。

对于散栏牛床，躺卧区域应该比牛舍地面高出20 ～ 25cm。适合后备牛和成年牛的卧床设计以及它们需要的空间见表2、表3和图1。

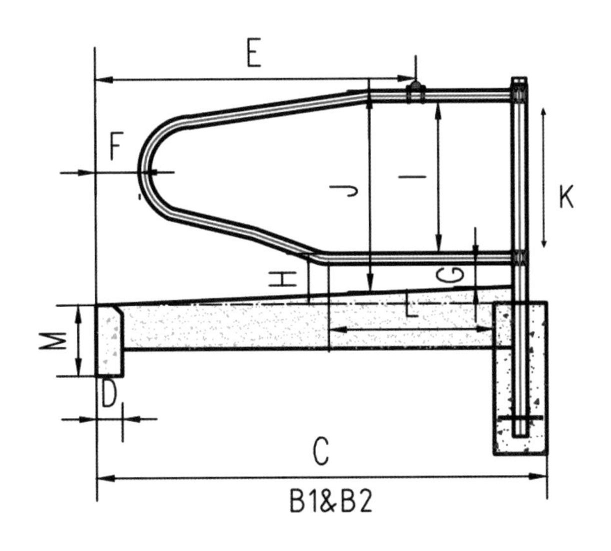

图1　后备牛卧床尺寸

（五）地面

1. 目标

牧场人员负责监控并采取措施，预防奶牛滑倒。

通常，我们会在牛舍混凝土地面适当地制造一些防滑槽，避免动物滑倒受伤。防滑表面要在清洁、剐蹭或磨损后仍能保持防滑性能，减少动物受伤情况。在奶牛长时间站立区域（如待挤区）、回牛通道中使用摩擦力大的橡胶地面可以减少牛蹄磨损，在其他区域使用这种地面可以减少滑倒受伤的风险。北方牧场要考虑到冬季地面结冰的处理措施。奶牛分娩区考虑到站立次数的增加，必须铺设摩擦力大的地面。

（六）光照

为了让奶牛更加舒适地生活，更加方便地采食、饮水，牛舍内的光照必须达到标准，即牛舍内24h有光照。夜间牛眼高度的光照度达200lx以上，一般情况下，工作人员在采食道、卧床上可以清晰地看到报纸上的文字即达标。但是牛舍内不能出现过于强烈的光照，尤其是在采食道和卧床区域。

（七）社交环境

牛是群居动物。被牛群孤立的牛会表现出种种应激迹象，如心跳过快、喊叫、多便、多尿、皮质醇水平升高等。减少牛被孤立的最佳办法是尽量不要单独隔离牛只，至少要让牛和牛之间有眼神交流，邻近产犊的母牛除外。

（八）设施管理

聘请专业人员来操作牧场设施设备，并保证设施设备的正常使用，能极大地促进动物进行安全有效的活动。栅栏和大门要使用坚固、平滑的材料，以避免尖锐物品割伤、刺伤或擦伤动物。栅栏能将动物圈在指定区域内，赶牛区、待挤区和喂饲区域始终设有栅栏。栅栏和门的高度以及离地距离要保证动物不会从上方和下方逃出，门的宽度要允许一头牛可以很容易地通过。牛栏门最好设置在牛栏角落，既可向内打开也可以向外打开，便于牛进出围栏。牛栏门上安装的插销应做好闭锁措施，避免动物打开牛栏门。装在固定立柱上的插销装置在门打开的时候不应有任何尖锐突起点，以防动物通过门时受伤。

同时，牧场还应具备处理紧急情况的措施及预案，如火灾、水灾、断水、断电、断料等情况。

（九）特殊时期的环境及舒适度

1. 产犊区

(1) 目标。产犊区应铺设垫料，垫料要柔软、干燥，照明和通风要良好。

(2) 管理措施。围产牛圈舍和产房应该是牧场牛舍中最安静的地方，柔软、铺设垫料、干燥、照明通风良好的产犊区对于刚出生犊牛和新产牛的健康有诸多益处。潮湿、肮脏的产犊区会滋

生细菌，并从初生犊牛的肚脐或嘴进入犊牛体内，继而引发犊牛免疫系统疾病。单独的产犊区要舒适、实用和卫生，方便管理员观察母牛和犊牛，及时提供有效的产犊帮助。母牛在产犊前8h喜欢独处，最好能做到在每两次分娩之间对分娩圈进行清理。最新研究表明，比起有稻草覆盖的橡胶地面，母牛更喜欢在沙子和混凝土地面（有稻草覆盖）上产犊。照明条件应满足动物观察需求，提供安全的作业环境。在动物接受例行观察或处理的设施中，照明灯具应均匀分布，靠近牛圈的户外灯源应提供充足照明，保障安全。

2. 断奶前犊牛的居住空间

（1）单养：每头犊牛都饲养在单独的犊牛岛或牛笼中。这种模式可以减少疾病传播，防止犊牛争抢饲料，也可防止犊牛间交叉吮吸乳头（吮吸癖），同时单独饲养可以监控开食料干物质采食量。

（2）群养：随着喂养设备智能化水平的不断提高，人们对群养的关注度越来越高。群养可以增加牛与牛之间的社会联系发展。犊牛是社会性动物，它们需要社会锻炼，融入牛群。犊牛拥有好的社会性对牧场和奶牛都大有益处。好的群养模式可以避免疾病传播和饲料饮水争抢等问题。成功的群养模式需要恰当的管理手段，包括喂饲模式和牛群规模控制。保持喂奶设备的清洁也是成功群养的重要环节。

3. 新产牛管理

新产牛应按照牧场管理者和兽医约定的方法予以处理，但必须符合牧场的生物安全要求。

四、

卫生福利——卫生保健及痛苦免除

关键点:

(1)牧场必须和兽医商讨后制定符合本牧场的牛群健康SOP(标准操作规程),以预防、治疗和监测常见病的出现。

(2)牧场必须和兽医商讨后制定与初生犊牛和哺乳期奶牛特定区域管理有关的《犊牛保健SOP》,并要定期审核与更新,做好记录,注明日期。

(3)泌乳期以及干奶期的奶牛中有95%在牧场步态评分中为2分或更低分。

(4)牧场必须和兽医商讨后制定与跛行预防和治疗有关的肢蹄保健SOP。

(5)各年龄段奶牛中有90%的奶牛在体况评分中为3~3.75分。

(6)泌乳期以及干奶期奶牛中有95%或以上的奶牛在牧场关节和膝盖损伤上的得分应该为2分或更低分(参见牧场奶牛福利评估操作手册)。

牧场必须和兽医商讨后制定与寄生虫、害虫和苍蝇防治有关的驱虫保健SOP。

（一）卫生保健管理

奶牛健康对奶牛福利而言至关重要，及时预防并提供适当的治疗是健康的基础，必要时进行人道安乐死。如果疾病出现，我们必须建立迅速诊断和治疗的流程。牧场通过合理的营养供给、饲养管理、疾病预防与诊断程序以及完善的治疗程序来保证牛群的健康。这些都应事先与兽医进行商讨。

各类保健SOP要行之有效，其重点一定在于预防、快速诊断以及病牛或伤牛的迅速治疗决策。兽医可以帮助管理者制定和修订常规保健SOP。即使有了最好的管理和预防程序，奶牛依然会有生病或受伤的可能。关注牛群异常是早期发现健康问题并提供有效治疗的关键。

定期对保健SOP进行审核与更新，一年一次或按照需要执行。所有的审核和更新方案都要做好记录，并注明日期。

牧场须制定各牛群的书面保健SOP，以预防、治疗和监测常见病（包括乳腺炎、子宫炎、产后瘫和酮病等代谢性疾病，皱胃移位、肺炎或感染性腹泻）的出现，应包括：

（1）挤奶流程及赶牛的详细书面程序，并按照要求执行来确保较低的应激。

（2）免疫程序，明确免疫日龄、种类、疫苗产品和免疫方式。

（3）训练有素的员工对牛群进行日常观察，及时关注到受伤或生病奶牛。

（4）关于初生犊牛和哺乳期犊牛管理的书面程序，包括：①根据兽医的建议，在犊牛3周龄时进行去角，同时给予抗炎止痛

处置；②其他计划的处置程序，包括去除副乳头，需要尽早进行，并给予抗炎止痛处置。

（5）各年龄段奶牛生病或受伤时，应有疼痛管理及控制的程序。

（6）按日龄、种类、产品和给药途径方法制订不同的详解治疗方案，包括弃奶期和休药期，以及治疗后奶牛的出售标准。

（7）寄生虫、害虫和苍蝇防治方案。

（8）躺卧不起奶牛的管理方案和培训，包括：①适当移动奶牛，包括使用特殊装置来实现；②提供饲料、饮水、遮阴，与其他奶牛隔离，避免受到其他奶牛的伤害；③及时的医疗护理，以及必要时进行安乐死。

（9）根据相关规章的指导，制定安乐死的方案和人员培训，具体包括：①指定工作人员接受培训，使其能够识别需要执行安乐死的奶牛，以及执行安乐死的操作；②根据地方规定处理奶牛尸体；③记录死亡信息。

（10）跛行预防和治疗的书面方案或SOP。

（11）奶牛难产管理的书面方案或SOP。

（12）奶牛淘汰和送往屠宰场的书面方案或SOP。

牧场要有足够数量的持有执业资格证的兽医人员，兽医、繁育、饲养等技术人员与牛头数的比例最好在200头/人以下。每次执业兽医师开具的处方都应保留正式的处方和记录。

（二）初生犊牛和哺乳期犊牛

牧场必须和兽医商讨后，制定与初生犊牛和哺乳期犊牛特定

区域管理有关的犊牛保健SOP。

与初生犊牛和哺乳期犊牛相关的犊牛保健SOP包括初乳管理、脐带消毒、打耳标、信息记录、免疫程序、去角、副乳头切除、安乐死方案，以及接触犊牛操作的书面方案。

1. 脐带消毒

犊牛出生后立即进行脐带消毒。湿润的脐带是病原体进入犊牛体内的重要入口。犊牛脐带消毒流程必须在新生犊牛和哺乳期犊牛的管理方案中予以注明。

2. 抗炎止痛程序

必须有明确的抗炎止痛程序，以确保奶牛和操作员工的安全。牧场主应该和兽医一起，制订一套方案来尽量减少奶牛因处置方案或驱赶而感到的疼痛和应激。此外，负责执行抗炎止痛程序的员工必须接受培训，最大化确保奶牛和员工自身的安全。

3. 去角芽/去角

对于大部分牧场来说，带角牛只是管理上的一大问题。带角牛只可能会伤害员工以及其他奶牛。因此，实施去角对人和奶牛都有好处。去角操作要以牛和工作人员的安全为前提。“去角芽”指在牛颅骨闭合前将牛角生长细胞破坏或切除，而“去角”是指在颅骨闭合后将长出来的角去除。每头牛的颅骨闭合时间不同，最好在21天内完成去角芽。

科学证据表明，去角芽和去角均会导致奶牛显著的疼痛反应。局部麻醉、非甾体抗炎药和镇静剂都被证明有益于牛的健康。一

定要与兽医一起制定一份科学有效的疼痛免除方案。

实施去角芽操作时也可以使用腐蚀性去角膏。使用去角膏去角的其他管理要点包括如去角后避免淋雨、限制和其他牛的社交等，确保去角膏的影响范围仅在涂布的长角区域内。

错过去角芽最佳时间或已经长出角的牛，需要重点监视，如有必要要进行去角操作。通常，我们会将牛角的大部分切除，以防止牛角长入颅骨，并避免牛长出角后伤害其他牛。在牛8周大之后可实施永久性牛角切除手术，需要由专业兽医人员进行。

对一些生产者来说，奶牛的品种及无角基因的遗传具有多样性，充分利用无角牛基因不失为一种选择。

4. 副乳头切除

通常，尽量在奶牛年龄较小时切除多余的副乳头。切除多余乳头时，应准备好锋利的剪刀或手术刀工具包并采取止痛措施。切除过程中需根据兽医的建议，使用减轻奶牛疼痛的抗炎药物。

5. 安乐死

随着国内奶牛福利的发展，必要时，我们会出于人道主义对奶牛进行安乐死，以终止它们遭受先天疾病或其他健康问题的折磨。

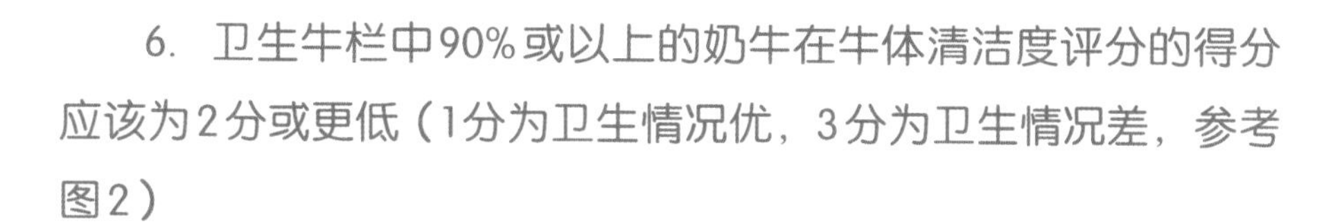

6. 卫生牛栏中90%或以上的奶牛在牛体清洁度评分的得分应该为2分或更低（1分为卫生情况优，3分为卫生情况差，参考图2）

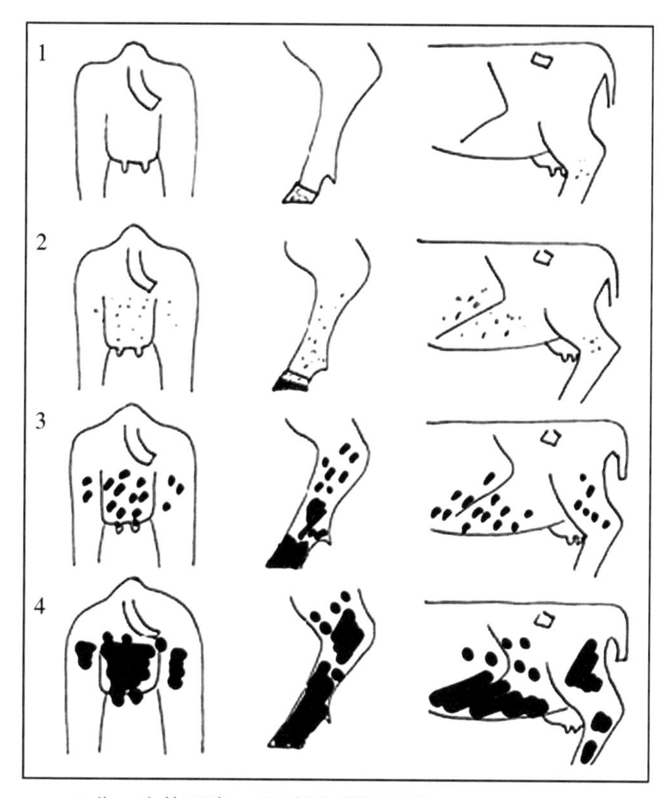

1分：牛体干净，无/很少粪污附着
2分：牛体基本干净，有少量粪污飞溅/附着
3分：牛体脏，有明显粪污，粪块附着
4分：牛体很脏，大量粪污附着，粪块连成片

图2　牛体清洁度评分

适当的卫生和粪污管理能保障奶牛自身干燥、卫生、远离粪污，为奶牛提供一个舒适的生活环境。

奶牛环境卫生管理的目标是：通过提供清洁环境，最小化奶

牛疾病；最小化异常气味和灰尘；最小化害虫和寄生虫的风险；尽可能减少病原体传播。

标准卫生管理包括：清扫奶牛生活场所内部结构、走廊和储存空间，清理奶牛排粪沟；奶牛生活场所不能有积水、积粪，同时清除不必要的物品和杂物；饲料和垫料应保持洁净、干燥。饲养员应时刻保持一定水平的环境卫生，以尽量减少病原体的传播。若发现严重、特殊的疾病，需立即报告兽医，由兽医给出相应的消毒处置措施。该类消毒处置措施可能包括立即为奶牛所在环境消毒，彻底清理舍内的饲养设施，并进行化学消毒。奶牛居住设施和散栏卧床要定期清理粪便，活动通道也要保持干净和相应的摩擦力。除不定期清洁牛乳房和牛腿以外，还要及时清理回牛通道内的粪便，否则会导致奶牛跛行问题出现。根据最佳操作规范，所有的躺卧区域都要保持干净、干燥，并定期整理。

为避免不同奶牛之间的疾病传播，牧场中不得饲养除牛以外的其他动物。

7. 步态评分

牛群中不应明显观察到患病、跛行、非常瘦或者有外伤的奶牛，95%的泌乳期以及干奶期奶牛，在牧场步态评分的得分应该为2分或更低（1分为步态优，2分为中度跛行，3分为严重跛行，见图3）。全群中出现跛行的牛数量应< 5%。

四肢或蹄部病变导致的跛行会严重影响奶牛健康。因此，跛行一直以来都是重点关注的问题，更是所有奶牛的管理重点。奶牛的蹄部病变通常都会导致跛行，包括趾间皮炎和腐蹄病等传染性蹄病以及白线病和蹄底溃疡的非传染性蹄角质疾病。跛行会影

评分	1分	2分	3分	4分	5分
步态	站立、行走都正常	轻微跛行，站立正常，行走弓背	站立、行走都弓背	行走时明显跛行、背部弓形	不愿把体重负重在一条腿上，不愿站立和行走，站立和行走时背部明显是弓形
示例图片站立					

图3 步态评分标准

步态评分

响牛的正常休息行为、往返奶厅的行走以及采食行为，降低发情表现并影响全身健康。

可以通过预防性修蹄，使各趾受力均匀，提高牛的舒适度，以此减少跛行的情况。同时要监控跛行奶牛，为其提供快速有效治疗。定期为牛提供蹄浴有助于防控传染性蹄病，而改良地面能够减少牛蹄外伤、防滑和防磨损情况，降低患白线病的概率。

每日为牛提供充足的休息时间可以减少蹄底溃疡的发生。保障奶牛充分休息的措施包括将每日挤奶时长控制在3h以内，避免待挤厅密度过大，为奶牛提供适宜的环境温度。其他的措施包括炎热天气时充分散热，寒冷天气时御寒，以及提供干燥、舒适的牛床垫料。

除此之外，定期蹄浴、保持奶牛腿部洁净卫生、增加清洁过道和交叉口的次数、及时清洁挤奶区域地面也是减少牛群蹄病发生的重要举措。

8. 体况评分（BCS）各年龄段奶牛中90%的奶牛在体况评分记录上的得分应为3 ~ 3.75分，不可以过于肥胖，平均以3分为宜（1分为精瘦，5分为肥胖，见图4）

要想让青年牛达到发育指标，监测母牛在妊娠和泌乳期间的体况非常重要，母牛在产犊前后的体况变化很快，可以借此指导奶牛日粮的调整。奶牛体况评分是优化产奶量、提高繁殖率的重要管理工具，有助于减少代谢性疾病和其他围产期疾病。母牛产犊时过肥［BCS（体况评分）>4］会导致饲料摄入量减少，增加围产期疾病的发生率。泌乳早期母牛的BCS下降超过1分以上属于掉膘过快，BCS在2分以下的奶牛应考虑是否调群。

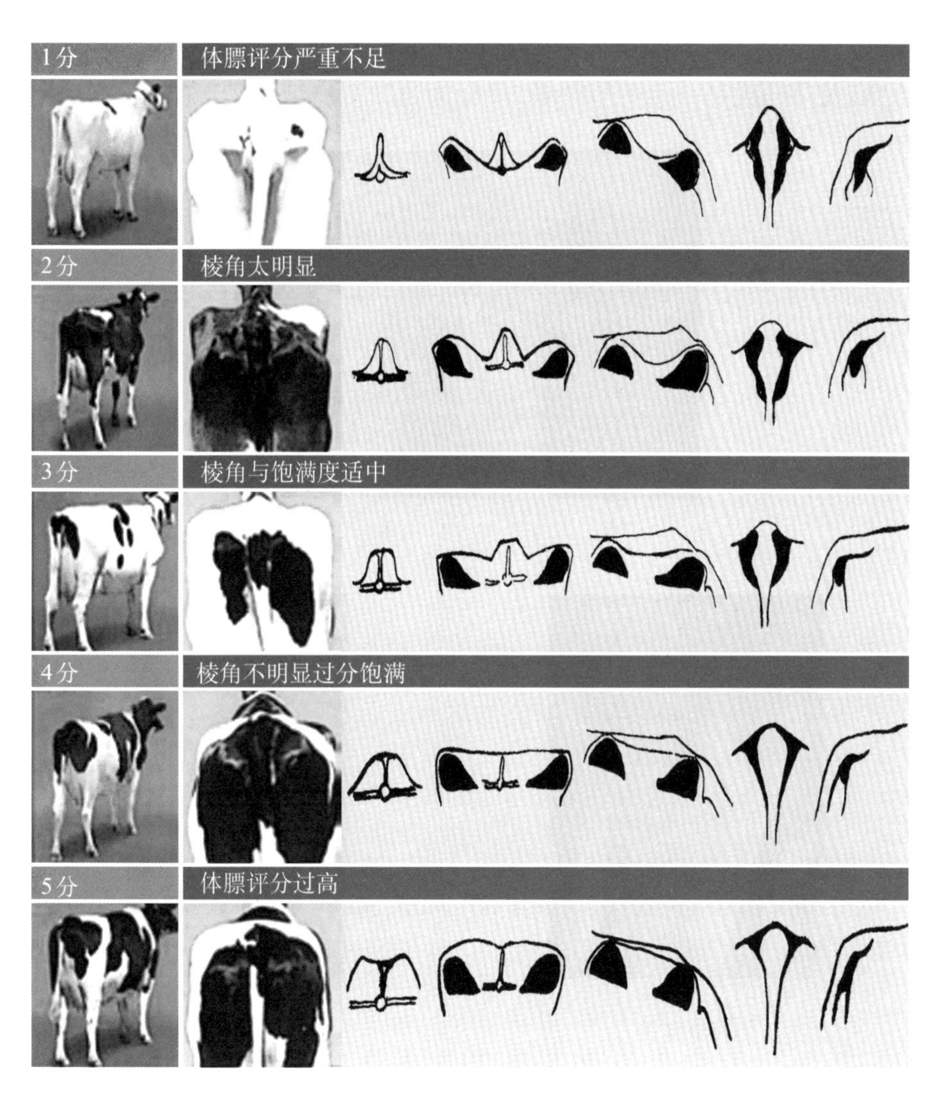

图4　奶牛体况评分

奶牛BCS操作说明
——UV法

9．关节与膝盖损伤

泌乳期以及干奶期奶牛中有95%或以上的奶牛在关节和膝盖状

况评分上的得分应该为2分或更低（1分为无脱毛症／关节肿胀，2分为出现局部脱毛；无关节肿胀，3分为可见肿胀或关节磨损，见图5）。

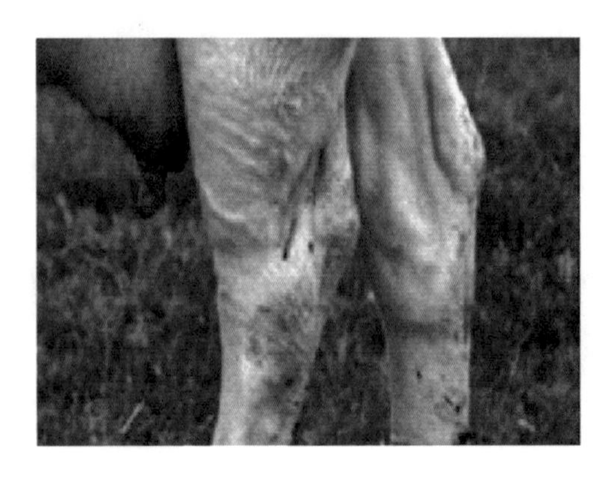

完好

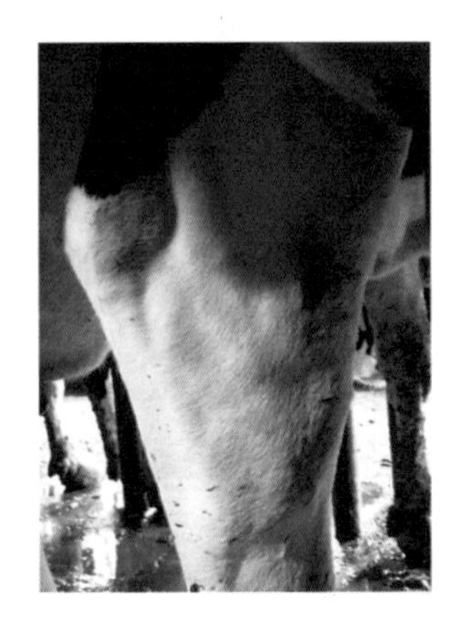

轻微擦伤

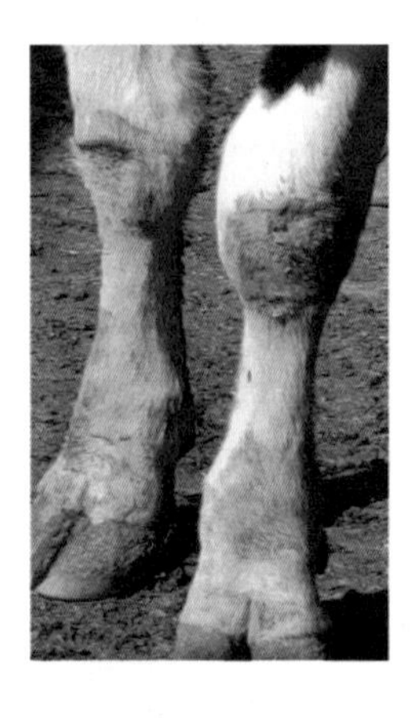

严重肿胀

图5　奶牛膝关节损伤

奶牛身上经常接触牛舍设施的部位往往会发生皮肤损伤，最常见的是膝盖和关节处皮肤损伤。这些损伤轻则会导致脱毛，重则会导致开放性伤口，有时还会伴随感染和关节肿胀。与跛行不同，肘/跗关节损伤在挤奶区很容易观察到。健康的关节不会出现脱毛（关节处毛发光滑，覆盖整条腿）和肿胀症状。表皮破裂会让细菌和病原体乘虚而入，引发感染，从而出现关节肿胀、疼痛

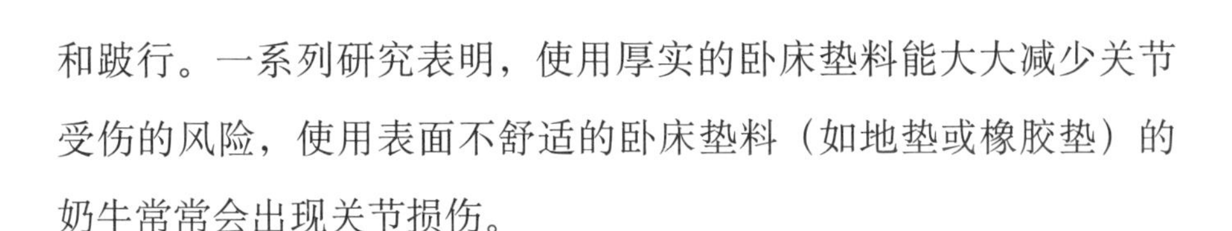

和跛行。一系列研究表明，使用厚实的卧床垫料能大大减少关节受伤的风险，使用表面不舒适的卧床垫料（如地垫或橡胶垫）的奶牛常常会出现关节损伤。

此部分评分重点在于奶牛是否出现严重的关节或膝盖损伤、是否遭受关节肿胀或皮肤溃烂。该管理项目的目标是确保出现该类损伤的奶牛数量仅占5%或更少。

10. 乳房炎

乳房炎是牧场生产中常见的奶牛疾病，它不仅会使奶牛减产影响牧场效益，还会让奶牛遭受痛苦，提前被淘汰。所以在牧场的日常生产中、尤其在挤奶环节，要严格按照标准的挤奶流程进行操作：前药浴、三把奶、擦干、上杯、脱杯、后药浴；同时要按照设备要求设置挤奶压力标准，杜绝过挤、挤不尽的情况发生。进行干奶时要消毒到位，使用合格的干奶药，对围产牛也要加强乳房监控，避免出现乳房炎。出现乳房炎时，要确诊其是环境性病菌还是传染性病菌引起的，然后给予有针对性的积极治疗。

11. 身体擦伤和受伤

良好状况下，奶牛应饲养在避免身体擦伤和受伤的环境中。如果奶牛受伤，则受伤部位会提示饲养环境的问题所在。例如，牛颈肿胀可能是饲料槽和颈夹设计不合理，牛颈枷弄伤了牛颈组织，从而引发牛颈肿胀。禁止用刺激、弯折牛尾的方式赶牛或约束牛，以免导致牛尾受伤或断裂。避免牛身体擦伤和受伤的最佳做法是，使用坚固、光滑的材料制作围栏和围栏门，避免出现一

切可能割伤、刺伤或擦伤奶牛的尖锐物体。除此之外，当牛栏的门打开时，固定立柱上的插销装置不能有任何尖锐突起点，以防奶牛通过门时受伤。

擦伤还有可能是奶牛之间竞争打斗造成的。有时，保健处理也会导致奶牛身体损伤，如注射部位脓肿。带角牛更容易引起其他奶牛的身体擦伤和重伤，甚至会伤害牧场员工。通过监测牛群中发生损伤的位置和频率，管理者能够及时发现问题，并与兽医讨论如何解决问题。

12. 害虫防治

牧场制定与寄生虫、害虫和苍蝇防治有关的驱虫保健SOP。

害虫防治是奶牛保健SOP的重要部分，因为害虫会传播疾病，影响奶牛的舒适度，需要采取措施来控制蚊子、苍蝇、虱子、螨、蜱、蛴螬、跳蚤、啮齿动物、臭鼬和有害鸟类（如喜鹊、鸽子和麻雀）。在一些地区，狂犬病和其他疾病会通过臭鼬、野猫、狐狸、蝙蝠和其他野生动物传染给奶牛。进行害虫防控时应特别注意避免饲料污染，因为污染物会进入奶牛体内，影响牛奶品质。牧场必须使用经认证的杀虫剂或请专业杀虫公司进行杀虫。使用任何杀虫产品时需仔细阅读和遵守产品说明。

（三）特殊牛群管理——围产期奶牛

奶牛福利在奶牛整个生命周期中都处于重要地位。奶牛一生中最重要的阶段就是从妊娠不泌乳到产犊牛泌乳这一阶段，即围产期。围产期奶牛需要应对各种与妊娠和泌乳有关的生理和行为

变化，以及身体管理、营养和环境的变化。良好的围产期管理能够让奶牛顺利通过这些考验，减少影响奶牛健康和生产力的疾病、淘汰和繁殖问题，所有这些都与奶牛福利和生产效率相关。

围产期管理必须以最终目标为出发点，只有一头健康的奶牛才可以充分发挥它的遗传潜力，改善牛群的健康状况。围产期管理的良好实践包括综合评估风险和机遇，就干奶前期奶牛、干奶后期奶牛以及初产期奶牛的圈舍、管理和营养，咨询兽医和其他奶牛饲养专业人士。在围产期发生各种变化的阶段，奶牛应该受到人道关怀，获得良好的舒适度体验。所有奶牛都要获得合理的营养供给，避免采食竞争、避免过度采食、减少产犊前采食量下降的情况。对传染性病原进行合适控制，并向兽医咨询如何限制感染源来降低疾病风险。非常重要的是，在奶牛进入围产期时，对要面临的对奶牛福利产生负面影响的因素要做好准备，同时提高生产效率。

五、

行为、心理福利——正确认识奶牛天性

关键点：

（1）制作书面文件来对负责奶牛福利的新老员工进行培训，并界定清晰的职责范围（例如犊牛保健、安乐死、躺卧不起奶牛的管理等）。相关培训至少一年一次。

（2）使用清洁的、设计良好的工具或运输设备来起吊、驱赶犊牛。

（3）奶牛保健人员应接受最小化应激饲养和保定犊牛的培训。

在奶牛饲养过程中，要以温和的方式驱赶奶牛，要避免奶牛滑倒和摔跤。奶牛保健人员要接受适当的奶牛驱赶培训。每年都要对工作人员进行考核评估和再培训。

（一）奶牛的天性

奶牛生性胆小，但又充满好奇，在福利良好的条件下，奶牛对进入牛群或牛群附近的人员会充满好奇，出现围观行为。同时，奶牛的社交属性也会让它们在放松的时候进行相互舔毛、嗅闻等行为。

在牧场管理过程中，管理人员要遵从奶牛的生理习性，为奶牛提供一个自然、放松的生活环境。

（二）员工奶牛福利意识管理

制作书面文件对负责奶牛保健的新老员工进行奶牛福利相关培训，以及指定各自负责区域工作（例如犊牛保健、安乐死、躺卧不起奶牛的管理等）有关的培训。培训至少一年一次。

在驯养和运输奶牛时，首先要考虑奶牛的舒适和安全以及奶牛保健人员的安全。管理者应确保奶牛保健人员受过专业培训，具备合格的技术贮备，能正确使用赶牛或保定设备，并绝对禁止滥用这些设备。此外，管理者还应确保有足够的奶牛保健人员来执行指定任务。合理设计、维护和使用赶牛或保定设施能够避免奶牛和人员受伤。

应始终以人道的方式来驱赶、接触奶牛。奶牛从出生时起要定期和人类接触，以减少奶牛的恐惧感，缩短它们的警惕范围，便于观察和接触。赶奶牛时速度要慢，尤其是在炎热潮湿的天气或地面湿滑的时候。控制牛群在过道和回牛通道中移动的速度，以防在各个设施的角落、门口和其他狭窄地方发生拥挤或挤压。

1. 噪音

众所周知，奶牛非常厌恶噪音。因此，我们要在驯养、挤奶和运输等日常管理中尽量减少噪音。通常，我们会采取一切可取措施来减少各种噪音，包括设备和人员发出的噪音。奶牛面对分贝过大的噪音或喊叫声时会表现消极。奶牛饲养员以及其他工作

人员应注意减少大声喊叫等噪音行为。

2. 设备

自锁式颈夹应配备在紧急状况下释放奶牛的装置。通常，我们根据操作流程需要配备合适的设备来驱赶/保定奶牛，也会在奶牛拒绝进出设施时使用旗子、塑料棍或橡胶包裹的棍子来驱赶奶牛，但力度要非常小。任何工具都必须在冷静状态下使用，过度或经常性地拍打或刺激奶牛，表明牧场存在潜在问题，需要管理者注意和纠正。在任何情况下，我们仅使用最小的力度来驱赶奶牛，更要确保同群奶牛和操作人员的安全性。奶牛间的攻击性行为必须予以纠正，需通过可以接受的方法和约束装置（如触诊围栏、牛鼻钳、单头用食槽和围栏）来减少攻击性奶牛造成的影响。所有用来约束奶牛的设备以及奶牛的所有居住区域都要配备将奶牛人道疏散和转移的功能。最好使用带有紧急疏散装置的设备。

3. 装卸

根据最佳操作规范，运输奶牛时的装卸方式要尽量减少奶牛应激。移动奶牛，尤其是使用装载车移动奶牛的过程可能会让很多奶牛受到应激。通常，我们会采取三种措施来减少应激。

（1）培训操作人员正确地进行装卸操作。

（2）合理地选择和设计装卸区域。

（3）减少奶牛必须改变其方位的次数，禁止过度使用棍棒。

操作人员需要注意装载密度，选择最适合的时间装卸奶牛。第一次混群在一起的奶牛不要密度过大。通常，应安排足够的人力和合适的设备或设施（如活动梯）来装卸奶牛。患病或受伤的

奶牛需要特殊照料。躺卧不起的奶牛或那些体弱、虚弱，很可能在运输过程中趴卧不起的奶牛，应在牧场接受治疗或给予安乐死。

4. 运输中奶牛福利

与奶牛福利相关的运输因素包括：对于奶牛来说运输工具是否安全舒适；是否有专业的工作人员和司机在运输中为奶牛提供关怀；奶牛装载的均匀性；路程长短。

5. 卡车和拖车

卡车和拖车都会对奶牛关怀造成影响。尽管运输工具不是静止不动的，它们同样需要考虑奶牛的舒适度和需求。其中包括：

（1）运输幼龄奶牛或淘汰奶牛的卡车或拖车保持干净且消毒。

（2）卡车或拖车侧边足够高，防止奶牛跳出。

（3）防滑地面提供安全的站立处（避免剐蹭地面和墙面）。

（4）通风以及合适的垫料，帮助奶牛抵御极端天气。

（5）充分的车辆遮盖物，帮助奶牛抵御恶劣天气。

6. 运输中福利

运输中为奶牛提供适当的护理，有助减少受伤、擦伤和死亡情况。运输人员应具备奶牛福利相关的专业知识，能够熟练、恰当地对待奶牛。一般情况下，当奶牛在卡车上被分成几个独立的小群时，奶牛受伤的概率会下降。虚弱或不健康的奶牛只能送往兽医处接受治疗，并在运输装卸过程中与健康奶牛隔离；这些奶牛需要特殊护理。

运输途中要安排足够时间检查奶牛的身体状况。司机发动车

辆和停车时要平稳，转弯时要慢。如果奶牛在运输途中摔倒，要帮助它站起来，并在后续运输途中将该奶牛与其他奶牛隔离。如果运输时间超过24h，应及时为奶牛提供水和饲料，遵守有关饲喂频率和饲喂量的规定。运输前48 ～ 72h投喂高纤维干饲料能减少粪便中的含水量，提高运输车内空气质量、奶牛舒适度和卫生情况。所有工作人员和运输人员要适当地接受奶牛驱赶方面的培训，对奶牛的典型行为有基本的认知。

7. 新生犊牛和哺乳期犊牛的饲养管理

移动犊牛应通过抬起、驱赶的方式或是使用干净且设计合理的运输设备来进行。

工作人员要接受奶牛驱赶培训，通过驱赶或抬起的方式将小牛从牧场移动到卡车上。抓住小牛的颈部、耳朵、四肢、尾巴或任何其他点拖拽、拉扯或直接用扔的方式移动小牛，都会造成小牛受伤。奶牛福利的宗旨是禁止虐待任何年龄段的奶牛。

8. 特殊注意事项

为避免犊牛在途中出生，不建议运输临产期母牛。如果因其他原因不得不运输临产期母牛，需要给予特殊考虑。泌乳期奶牛最好在运输前挤奶。

六、

犊牛福利

关键点：

（1）尽快给所有新生犊牛饲喂初乳或初乳替代品，包括那些马上会被运出牧场的犊牛。

（2）犊牛每天都应获得定量和优质的牛奶或代乳粉，以维持健康、发育和活力所需，直到断奶或销售。

（3）定期给犊牛饲养员进行犊牛照料、犊牛营养需求和喂饲技术方面的培训，包括使用瘤胃灌服器和其他喂饲机器。

（4）定期给犊牛足量的新鲜开食料。

（5）为各年龄段的奶牛（包括哺乳期犊牛）提供清洁饮水，维持机体的水分需求。

通过犊牛保健计划以及必要时的快速诊断和治疗流程来保障犊牛健康。奶牛保健人员应遵守相关流程方案，接受适当培训。犊牛要拥有足够站立、躺卧、正常休息的空间，且能够看到其他犊牛。犊牛生活的环境要保持干净、干燥，避免贼风和季节性极端天气的侵袭。犊牛的驱赶、移动和运输都要以减少犊牛受伤、心情沮丧或患病风险，促进人牛联系向积极方向发展的方式进行。

营养

初乳饲喂对犊牛的健康和福利至关重要。犊牛护理和饲喂应在咨询专业营养师和兽医后进行。犊牛出生后1h内应进行初乳饲喂，初乳量至少为4L。血清总蛋白浓度低于55g/L的犊牛属于被动免疫传递失败犊牛，患病和死亡概率高。

饲喂初乳前必须检查初乳质量是否合格。有效的初乳代乳粉应至少提供100g免疫球蛋白，以150 ~ 200g为佳。此外，检测犊牛血液中的IgG（免疫球蛋白）浓度是否充足，可以有效评估初乳管理是否有效。

初乳摄入不足会导致“被动免疫转移失败”，影响犊牛的健康与福利以及母犊牛在未来产奶阶段的表现。根据最佳操作规范，所有的犊牛都要接受初乳或初乳代乳粉，并以有利于健康、减少患病风险的方式进行饲喂。越早挤出的初乳质量越好（产犊后2h内挤出最佳）。

受过培训的奶牛饲养员可以使用初乳灌服器来饲喂犊牛初乳，对不同牛使用后的饲喂器具进行适当地清洁和卫生处理十分关键。饲喂完新生犊牛初乳或初乳代乳粉后，使用质量良好的牛奶或代乳粉饲喂。初乳饲喂的建议如下：犊牛在出生后1h内饮用4L（或体重10%的）优质初乳或初乳代乳粉。

优质初乳的免疫球蛋白含量应超过50mg/mL，相当于白利度大于或等于22%。

为了确保良好的初乳管理，应对24h后的犊牛进行采血，评估是否“被动免疫转移失败”。

1. 饮水

犊牛必须获得足量的清洁饮水，以保证出生后体内的水分需求。牛奶或代乳粉都无法完全取代水。最好的做法是，从犊牛出生的第一天开始就提供清洁饮水。溶解代乳粉时使用的水必须是新鲜的、可口的、无污染物的。

2. 牛奶和代乳粉

犊牛的营养目标是使用牛奶或代乳粉饲喂，促进犊牛健康地、高效地、快速地成长发育，并通过颗粒料饲喂来辅助增强犊牛瘤胃生长和功能。犊牛出生后几周内，无论牛奶或代乳粉的摄入量为多少，开食料的摄入量要维持在较低水平。犊牛出生后几周内，因为消化固体饲料的能力有限，摄入较多牛奶/代乳粉对犊牛的生长发育更为有利。通过饲喂更多牛奶或代乳粉能够实现犊牛更好发育，减少犊牛饥饿感。犊牛也更愿意采食大量的牛奶或代乳粉（例如荷斯坦犊牛每天饮用8L以上，一天两次或两次以上饲喂），目前尚无证据表明过多饮用牛奶/代乳粉会产生任何负面作用。犊牛在出生后头4周获得更高的营养水平会对犊牛产生长远的积极影响，如提前进入繁育期，头胎产奶量更高。

牛奶摄入量高会导致粪便稀，但与腹泻加重或其他健康问题毫无关系。新生犊牛可能会出现腹泻（犊牛白痢），尤其是在出生后头28天内，但这不能与牛奶摄入量导致犊牛粪便稀混淆。从初乳中获得必要的免疫是预防新生犊牛腹泻的首要措施。此外，奶瓶喂养（比奶桶）能向犊牛输送更多牛奶（每天饮用8L以上的牛奶，一天两次或两次以上喂奶），是一种更自然的饲喂方式，也

会产生更高浓度的消化激素，例如缩胆囊素和胰岛素，因此被视为最佳牛奶饲喂方式。在群养条件下，通过奶瓶饲喂方式为犊牛提供相当于其体重20%的牛奶，可以减少甚至消除犊牛因吸吮动作时间未得到满足而导致犊牛间交叉吮吸（吮吸癖）的现象(图6)。

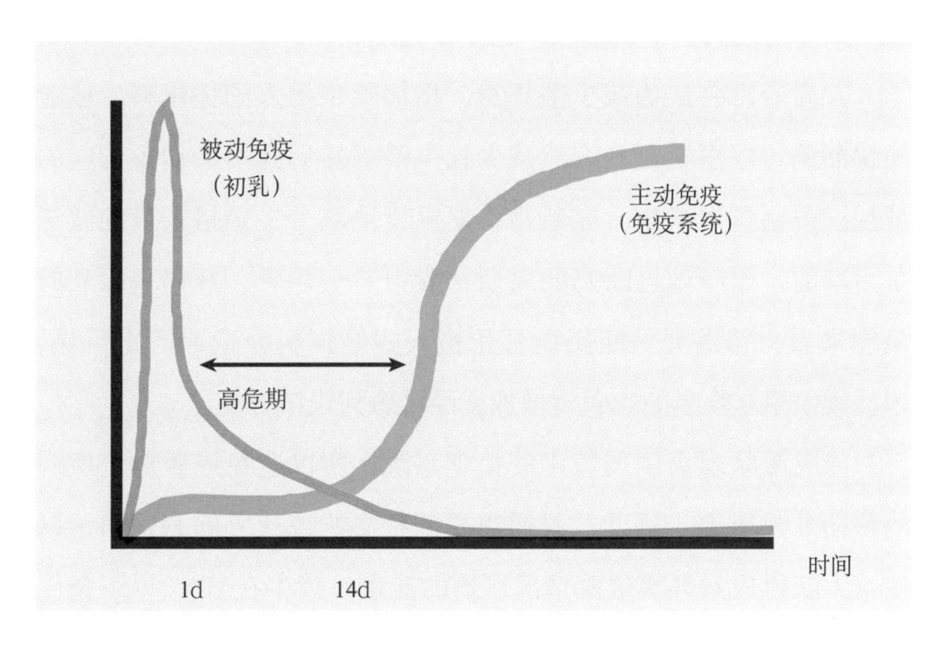

图6　犊牛机体免疫系统建立示意图

牛奶或代乳品的最佳喂养量受一系列因素影响。例如环境可以对犊牛的发育产生实质性影响。干净的环境能够减少传染性病原（细菌、病毒）对犊牛发育的影响，应采取一定的措施限制犊牛误食粪便及其可能携带的传染性病原。要特别注意清扫犊牛采食设备，这对犊牛健康十分重要。

饲养员应注意代乳粉用量、水的用量和温度，以确保每次冲泡的代乳品质地均匀，没有结块。饲养员还应注意使用干净的喂奶工具，进行卫生的喂奶操作。犊牛出生后第三天可以开始摄入

少量新鲜、美味、优质的犊牛饲料，并根据专业营养学家的建议，在犊牛消耗饲料越来越多时相应地加量。

3. 断奶

要注意避免断奶奶牛情绪沮丧，不可突然断奶，而是要每5天为一个周期地减少牛奶供应，循序渐进地断奶。

人们通常会认为减少喂奶量、增加犊牛摄入固体饲料，就能加快断奶。但事实是，突然减少犊牛喂奶量后会增加幼畜饲料的消耗，限制犊牛增重。在断奶前期慢慢地减少牛奶摄入量的做法是可取的，循序渐进断奶的周期一般为7 ～ 10天。从奶牛福利的角度来看，犊牛突然断奶而开始摄入固体饲料会造成严重后果，包括犊牛相互吮吸的吮吸癖增加或经常感到饥饿等。

冷应激状态会削弱犊牛的免疫系统，所以避免应激对于疾病的预防非常重要。因此，我们需要调整牛奶或代乳粉和饲料，以使犊牛获得应对环境极端情况所需的能量。犊牛在10℃ 以下条件时会出现冷应激状态，这时的犊牛需要更多的能量维持身体发育。

七、

受伤和躺卧不起母牛的护理

关键点：

（1）躺卧不起奶牛应能随时获得饲料和饮水。

（2）针对躺卧不起奶牛制订的书面方案和饲养培训。

（3）为患病或受伤的奶牛提供隔离设施。

（4）为行动能力下降奶牛提供特殊圈舍和缓冲垫料。

（5）利用遮阴棚、风扇、水冷系统和防风墙等为治疗区域提供散热御寒保护。

（6）使用非甾体类抗炎药物为受伤、生病或手术奶牛缓解疼痛，减轻痛苦。

即使是为奶牛提供最好的关怀，奶牛也有可能生病或死亡，也需要治疗或给予安乐死。如果出现奶牛生病躺卧不起或死亡情况时，最关键的是要防止其他未患病奶牛感染疾病，为已患病奶牛提供特殊关怀。

奶牛场的规范经营包括培训工作人员，使其掌握标准操作流程和具备处理有关情况的能力，做好隔离工作，尽快做出治疗、出售或安乐死奶牛的决策。

（一）营养

躺卧不起奶牛应能随时获得饲料和饮水。

当奶牛生病或受伤需要与畜群隔离而接受治疗时，有效的营养补充是奶牛恢复的关键。对于躺卧不起的奶牛来说，随时获得干净的饮用水以及饲料是补充营养的最佳方法。有特殊需求奶牛的饮食要根据其摄食能力、所患疾病或所受伤害加以调整，要与健康奶牛的饮食加以区分。有特殊需求的奶牛还需在各个季节的恶劣天气时得到充分保护，包括夏季遮阴、冬季保暖。

（二）奶牛健康

牧场应咨询兽医，制订符合本场实际情况的伤病奶牛处置方案，其中应包括针对躺卧不起奶牛管理的书面方案和培训方案：

（1）合理的移动，包括使用特殊设备。

（2）提供饲料、饮水、遮阴棚，与其他奶牛隔离。

（3）立即提供治疗。如可能，可对受伤、生病或手术奶牛提供非甾体类抗炎药物以缓解奶牛疼痛，减少痛苦。

（4）适当、及时地安乐死。

躺卧不起的奶牛，是指12h或12h以上都保持躺卧、无法或不愿站立的奶牛。一旦奶牛躺卧不起，工作人员必须立即做出决策，采取必要措施。奶牛保健人员必须立即确认受伤奶牛是否健康，判断其能否经过治疗恢复健康，还是无法救治。如果躺卧不起的奶牛经过治疗可以恢复健康，则应防止奶牛再受到其他伤害，为

其提供庇护点、饲料和水，提供关怀，并在其恢复期间减轻其疼痛和不适。当奶牛的生命体征衰弱或疼痛和折磨无法减轻时，应考虑为其实施安乐死。经常与奶牛接触的工作人员需要接受相关培训，清楚需要实施安乐死的情况，为奶牛做出最佳选择。

牧场应指定人员作为执行安乐死的奶牛保健人员，为其进行安乐死的相关培训。如果奶牛看上去非常痛苦或沮丧，没有拯救或移动的可能，或者患有慢性疾病，可以由受过相关培训的人员对其实施安乐死。死亡的奶牛（无论是安乐死还是自然原因死亡）都属于感染源，必须根据相关规定，执行无害化处理，最好迅速地将死亡的奶牛搬运至指定的地点，使其远离健康奶牛。

（三）环境与设施

1. 目标

（1）为患病或受伤的奶牛提供隔离设施。

（2）利用遮阴棚、风扇、水冷系统和防风墙等为治疗区域提供防暑、防寒的保护。

2. 环境与设施管理

治疗或患病区域最好远离牛群。由于患病或受伤的奶牛比健康奶牛更容易感到不适，所以患病或受伤奶牛所在的围栏区域要尽可能地让奶牛感到舒适。该区域应提供充分的遮阴、舒适的卧床、空气环境以及饲料和饮水。使用的工具包括遮阴、风扇、水冷系统和防风墙。

（四）移动和运输

躺卧不起的奶牛要用合适的推车/铲车、吊索或吊斗进行移动，要使用辅助工具移动，不能通过直接施加在奶牛身上的机械推拉来使奶牛移动。如果奶牛很可能无法再站起来，恢复正常的概率很小，则应实施安乐死并进行无害化处理。虚弱和消瘦的奶牛经常会躺卧不起，预防和迅速行动是正确处理这些问题的关键。一些会增加奶牛受伤的因素都应予以避免，例如湿滑地面、设计不合理的装载台和卡车装载密度过大等。

奶牛在牧场或运输期间可能会受伤，所以要安排足够人手和设备以及符合奶牛体型的运输装置。

（五）移动躺卧不起奶牛的操作程序

适当操作将躺卧不起的奶牛推上胶合板、传送带或铲车。如果奶牛在围栏或移动通道中倒下，则应将其牵引至胶合板或传送带上，使用卡车或拖车送往转移点。

将奶牛小心转移至合理配置的叉车或大型装载机的吊斗中，或使用特殊起吊机来移动奶牛。如果使用了叉车，应在叉车的叉子上方设置托盘，将托盘的前缘倾斜，形成一个斜坡，将奶牛滚到托盘上，并在托盘上绑上皮带，以防止奶牛掉落。叉车的叉子绝对不能暴露在外。

专门的起重机可以安装在狭窄的空间内，用来协助升降躺卧不起的奶牛。

在使用大型装载机的吊斗时，最好安排三名或三名以上工作人员将奶牛转移至吊斗中。一名操作装载机，另外几名人员将奶牛滚上吊斗。

切勿抓住奶牛四肢拖拽或托举奶牛，但在没有其他选择且奶牛必须要移动一小段距离的情况下除外。若没有其他可行的移动方案而奶牛又必须被拖拽或奶牛只有通过拖拽才能得以救治时，要在奶牛未受伤的四肢上绑上垫子，并使用绳子、链条或缆绳系住垫子，然后把奶牛移动至最近的便于移动的地方。如果这一过程不能人道地完成，则应就地对奶牛实施安乐死，然后进行转移。如果发现成年奶牛躺卧不起，则应将其转移。如果奶牛在柱栏保定架、栓系式卧床或散栏式卧床中倒下，则它的后腿通常会因为姿势的扭曲出现无法站立的情况，这时需要先调整奶牛的后腿至合适的姿势，使其能够自己站立。如果经过处理后，奶牛仍无法站立，则必须要调整其姿势，使其能够伸展自己的腿。移动这种奶牛的唯一实用方法，是在奶牛头上系一个结实的绳套。如果只移动奶牛的一条后腿，可能会对奶牛造成其他伤害。

八、

淘汰牛福利

（一）决策与注意事项

身体受伤的奶牛可接受的处理包括治疗、屠宰或安乐死。作出相关决策时应考虑以下几项标准：

(1) 奶牛的疼痛和沮丧程度；

(2) 恢复的可能性；

(3) 进食进水的能力；

(4) 药物停药时间；

(5) 经济考虑。

（二）安乐死适应症

以下条件或情况可能导致奶牛必须接受安乐死：

(1) 四肢、臀部或脊椎骨折、受伤或病变，导致其无法移动或无法站立；

(2) 患有无已知有效治疗方法的疾病；

(3) 患有对人类健康有重大威胁的疾病（如狂犬病）；

(4) 患有造成疼痛和沮丧且无法适当缓解的疾病；

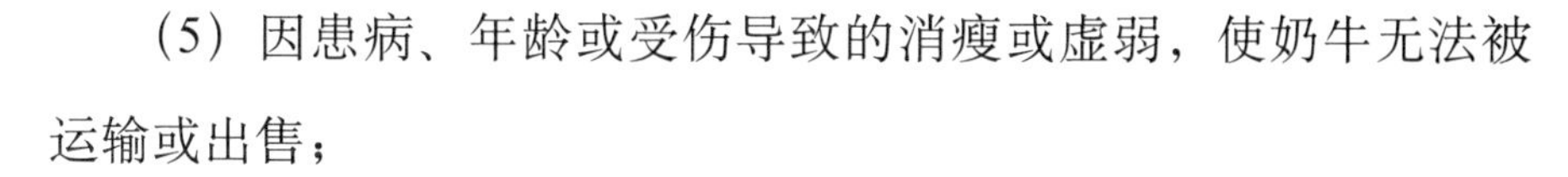

（5）因患病、年龄或受伤导致的消瘦或虚弱，使奶牛无法被运输或出售；

（6）患有治疗成本过高的疾病；

（7）所患疾病预后不良或预期恢复时间延长。

第二部分

牧场奶牛福利评估细则

奶牛福利评估细则

<table>
<tr><td colspan="3">日期：</td><td colspan="4">牧场现状目测评分：</td></tr>
<tr><td colspan="3">牧场名称：</td><td colspan="4" rowspan="3">0分：很少考虑奶牛福利
1分：部分实施奶牛福利
2分：奶牛福利完善</td></tr>
<tr><td colspan="3">全群规模和品种：</td></tr>
<tr><td colspan="3">挤奶机类型：</td></tr>
<tr><td colspan="3">TMR类型：</td><td colspan="4">评价方法：观察、访谈，观测评估点必须有照片支持，每个牧场30个评估点有照片</td></tr>
<tr><td colspan="3">被访谈人员的姓名、职务、电话：</td><td colspan="2">牧场负责人签字</td><td colspan="2"></td></tr>
<tr><td colspan="3">评估人员签字：</td><td colspan="2">奶源部总经理签字</td><td colspan="2"></td></tr>
<tr><td colspan="7">一、生理福利</td></tr>
<tr><td colspan="2">1　采食</td><td>差=0</td><td>一般=1</td><td>良好=2</td><td>分数</td><td>备注</td></tr>
<tr><td>1.1</td><td>体况评分，BCS分布如何</td><td>个别特别瘦或胖的</td><td>有点胖或瘦的</td><td>2.5 ～ 3.5</td><td></td><td></td></tr>
<tr><td>1.2</td><td>牛场是否有各牛群的饲料配方和投料计划</td><td>无</td><td>部分有</td><td>都有</td><td></td><td></td></tr>
<tr><td>1.3</td><td>粪便一致性，根据评分表，是否特别稀，特别干，或有可见谷物</td><td>3 ～ 4分
< 70%</td><td>3 ～ 4分
80% ～ 90%</td><td>3 ～ 4分
> 90%</td><td></td><td></td></tr>
</table>

（续）

一、生理福利						
1.4	采食道周边是否有竞争	经常	偶尔	无		
1.5	是否发现奶牛挑食的证据	经常	偶尔	无		
1.6	是否有充足的饲料	否		是		
1.7	每头牛的采食空间如何（0.7m/荷斯坦）	＜0.7m/头	0.7～0.8 m/头	＞0.8 m/头		
1.8	饲喂道是否清洁卫生	很脏	还可以	非常干净		
1.9	每日的饲喂次数	1	2	＞2		
1.10	每日的推料次数	＜5	6～10	＞10		
1.11	饲料保存是否良好	否	还可以	非常好		
2　饮水		差=0	一般=1	良好=2	分数	备注
2.1	每群牛有多少个饮水点	＜2/舍	2/舍	＞2/舍		
2.2	每头牛的饮水空间如何（如果是饮水碗，1个/5头）	＜9cm/头	9～17 cm/头	＞18cm/头		

（续）

一、生理福利						
2.3	炎热气候下，是否能够自由饮水且水量充足	否	还可以	是		
2.4	奶牛走动流向，是否便于自由饮水	否	有时	是		
2.5	充足的水流？20L/min	＜10 L/min	10 ～ 19 L/min	＞20 L/min		
2.6	在水槽周围是否存在反光金属或者危险障碍	是	还可以	否		
2.7	饮用水是否清洁	否	还可以	非常好		
2.8	水槽与水碗的清洗频率	＞2天	隔天	每天		
二、行为福利						
		差=0	一般=1	良好=2	分数	备注
1	多少头奶牛站立着，包括站立在卧床上的？多少头奶牛躺卧着	＜85%躺卧	85% ～ 90%躺卧	＞90%躺卧		
2	是否有牛躺卧在过道或者交叉口	有	罕见的	没有		

（续）

二、行为福利						
3	是否可明显观察到患病、跛行、非常瘦或者有外伤的奶牛	＞4%	1% ～ 4%	无		
4	是否看到积极的行为表征，如奶牛刷毛，扭头舔臀、社交行为	无	个别在刷毛	有一些		
5	牛只是否充满好奇，并且对人群的环绕没有应激表现	否	偶尔	好奇		
6	瘤胃充盈度是否合适？是否看到瘤胃空空或者太满的牛	是	非常少	无		
7	是否看到尾部受损的牛	是	非常少	无		
8	牛头数与卧床的比	＞1.1	＞（1 ～ 1.1）	≤1		
9	观察奶牛流动拥堵情况：是否有死角或者较窄的通道，或牛体刷放置错误	是，有一些	一个点	无		

（续）

三、环境福利						
1　休息区域		差=0	一般=1	良好=2	分数	备注
1.1	奶牛从上卧床到躺卧的时间是否过长	＞2min	1～2min	＜1min		
1.2	奶牛躺下和站立是否自然（是否易滑，前倾突进空间）	＜70%	＞80%	总是		
1.3	是否看到不同的自然躺卧姿势	否	几个	是的		
1.4	奶牛卫生评分如何（使用威斯康辛大学评分系统）	＞10%（3～4）	5%～10%（3～4）	＜5%（3～4）		
1.5	是否看到跗关节损伤	＞30%	10%～30%	＜10%		
1.6	躺卧奶牛反刍百分比	＜50%	50%～75%	＞75%		
1.7	卧床是否舒适、干净且干燥（"跪地测试"）	否	＞80%	是的		
1.8	卧床设计是否有不正确的表征？特别是颈杠、前倾突进空间、宽度和反光金属	是	有些	正常		

（续）

三、环境福利						
1.9	在躺卧区域或卧床是否存在危险因子或者障碍	若干	非常少	无		
2 温度与照明		差=0	一般=1	良好=2	分数	备注
2.1	是否能够在牛舍以及饲喂道上清晰地看到报纸的字	否	牛舍中＜70%的区域	非常好		
2.2	是否有24h内照明时间	无额外光源	不固定	≥200lx		
2.3	是否有强光照射区域，致奶牛逃避此区域（采食道、卧床等）	是	过道中个别地方	否		
2.4	高产牛的呼吸频率如何	＞55	35～55	＜35		
2.5	使用THI表，热应激现状如何	＞79	72～79	＜72		
2.6	热应激时是否有充分的通风（3m/s以及风扇位置）	否	牛舍中部分区域	是		
2.7	空气质量评估（清洁，多尘，多氨，潮湿）	不佳	可接受	非常好		

（续）

三、环境福利						
2.8	是否有可见的蜘蛛网或者窗户上有冷凝产生（通风不佳的信号）	普遍都是	个别点	否		
2.9	是否有降温系统（喷淋、空调等），并充分使用	无	可接受	极佳		
四、卫生福利						
1　健康		差=0	一般=1	良好=2	分数	备注
1.1	严重跛行的奶牛数目	＞4%	1% ～ 3%	0		
1.2	任何不正常牛蹄表征？皮肤炎，蹄叶炎，蹄甲过长	＞10%	2% ～ 10%	0 ～ 1%		
1.3	腿部清洁评分或蹄部清洁评分	＞10% （3 ～ 4）	5 ～ 10% （3 ～ 4）	＜5% （3 ～ 4）		
1.4	行走区域包括挤奶区域地面情况如何（不平，平整，粗糙，易滑，急穹）	普遍较差	有一些	良好		
1.5	步行区域包括交叉区域的卫生状况如何	普遍较差	有粪污或水	良好		

（续）

四、卫生福利						
1.6	清洁过道与交叉口的频率与方法如何	＜2次/天	2～4次/天	＞4次/天		
1.7	修蹄设备是否使用	否	不常用	是		
1.8	是否有蹄浴设备并正确使用否	否	不持续	是		
1.9	牛舍中是否使用橡胶地面、行走区域和待挤区（列举）	否	是	正确的放置		
1.10	严格完整执行挤奶流程（前药浴、三把奶、擦干、上杯、脱杯、后药浴）	无	有时	是		
2	管理体系	差=0	一般=1	良好=2	分数	备注
2.1	牧场兽医、饲养、繁育等技术人员是否有职业资格证	无	部分有	全部有		
2.2	每个（饲养、兽医、繁育）技术人员和牛头数比例如何	＞400头/人	200～400头/人	＜200头/人		
2.3	是否有营养、繁育、兽医人员的生物安全防护程序且执行	无	部分有	全部		

（续）

四、卫生福利						
2.4	是否有啮齿动物防护计划及执行	无	部分实施	非常好		
2.5	是否有防蚊蝇的计划并实施	无	部分实施	非常好		
2.6	牧场是否饲养其他动物（包括猪、狗、羊、禽类、马等）	有		无		
2.7	是否有统一的兽医处方并保存完好	否	还可以	非常好		
2.8	是否有无法移动病牛的营养保障和护理	饲喂	饲喂、饮水	饲喂、饮水、护理		
2.9	濒死动物（或不能治愈的无法移动牛）有无痛苦处死方案（安乐死等）	无		有		
2.10	是否有灾害（火灾、水灾等）、供应中断（断电、断水、断料）应急预案	无	部分有	全部有		

（续）

五、心理福利						
		差=0	一般=1	良好=2	分数	备注
1	是否有暴打、怒斥牛只	有		否		
2	每头牛是否至少有1个采食栏位	否	90%	总是		
3	奶牛在躺卧时是否舒适	否	可接受	是		
4	围产奶牛乳房是否有水肿表现	是的，很多	一些	无		
5	围产牛的BCS控制是否准确（3～3.5）	< 50%	50%～90%	> 90%		
6	是否有单独的干奶群、围产群和新产区	无	干奶、围产分群	是，且头胎和经产分群		
7	卧床/躺卧/产犊区是否是最干净的	否	可接受	非常好		
8	干奶牛是否达到相应的照明标准（8h 180lx）	否	不固定	是		
9	围产群分组时是否最小化了牛群应激	不停换群	换群<1次/周	固定群组		
10	产后牛是否进行检查保健	否	病牛	所有泌乳牛		

（续）

五、心理福利						
11	是否有管理人员及员工的奶牛福利培训计划，并经常培训	无	有计划，偶尔	经常		
12	牧场各环节是否有完善的SOP，并能严格执行	无	执行一般	非常好		
				总计		
总体评价：						

第三部分

牧场奶牛福利评估操作手册

奶牛福利评估操作手册

1. 评估前准备2份（评估员、牧场人员各1份）《奶牛福利评估细则》表格和笔、相机；
2. 评估需要现场观察和人员访谈2部分，评估前需要和牧场沟通说明；
3. 评估需牧场人员参与，并给与1份评估表，解答相关问题；
4. 现场评估尽量避免对奶牛造成干扰；
5. 查看文件和现场评估需用相机拍照。

一、生理福利

1	采食	操作说明
1.1	体况评分，BCS分布如何	（1）妊娠青年牛、干奶牛及每个泌乳牛群随机选取20头牛进行评估； （2）评估必须在牛只站立时进行； （3）评估分值对比如图；  瘦   理想　　胖 （4）计算每个分值牛的比例

（续）

<table>
<tr><th colspan="3">一、生理福利</th></tr>
<tr><td>1.2</td><td>牛场是否有各牛群的饲料配方和投料计划</td><td>询问牧场人员并索要查看电子或纸质的配方及投料计划（包括每个饲料种类的用量及每天每头牛的用量）</td></tr>
<tr><td>1.3</td><td>粪便一致性，根据评分表，是否特别稀，特别干，或有可见谷物</td><td>（1）泌乳牛2个群及干奶牛群进行评估；
（2）选择完整的粪堆，评分标准如图：
<table>
<tr><th>评分</th><th>粪便状态</th><th>示例图片</th></tr>
<tr><td>1分</td><td>稀粥状，呈弧形下落。严重稀便—腹泻；胃肠机能损失；饲料利用效率严重降低</td><td></td></tr>
<tr><td>2分</td><td>无固定形状，基本成堆，看不到环状，排泄过程有飞溅点。奶牛有亚临床性酸中毒的表现，瘤胃功能遭到破坏</td><td></td></tr>
<tr><td>3分</td><td>排泄时形成2.5 ～ 4cm高的粪堆，可观察到顶层同心圈中心有塌陷浓粥状。泌乳高峰期</td><td></td></tr>
<tr><td>4分</td><td>排泄过程中形成5 ～ 8cm高的粪堆，中间无内陷小窝。脚踏时不易黏附鞋底。瘤胃机能健康，呈圆形</td><td></td></tr>
<tr><td>5分</td><td>干硬，易见纤维颗粒。干奶，育成牛</td><td></td></tr>
</table></td></tr>
</table>

（续）

<table>
<tr><th colspan="3">一、生理福利</th></tr>
<tr><td>1.4</td><td>采食道周边是否有竞争</td><td>（1）在牛群投料后1h内进行评估；
（2）在采食道外（距离观测牛群不宜太近）；
（3）有2头以上牛争抢同一个采食位视为有竞争行为
<table>
<tr><th>竞争行为</th><th>描述</th></tr>
<tr><td>头部触碰</td><td>身体的接触，包括用前额、角或角基部发出强有力的动作撞击、碰撞、推挤、击打或推搡接触者。接触者不放弃当前位置</td></tr>
<tr><td>追逐</td><td>追逐者通过快速跟随或跟在动物后面跑来让另一头逃跑，有时也会使用像晃动头部这样的威胁</td></tr>
<tr><td>争斗</td><td>两头奶牛以“拉锯式”双脚着地，用力将头（额头、牛角基部和/或牛角）相互顶在一起，超过10s后重新开始战斗；或者战斗伙伴发生了变化，就会开始新的回合</td></tr>
<tr><td>赶走</td><td>追逐者用强有力的身体接触（例如用头撞、推和推搡）来对抗躺着的奶牛，被攻击者站起来离开</td></tr>
</table>
</td></tr>
<tr><td>1.5</td><td>是否发现奶牛挑食的证据</td><td>（1）在牛群投料后1h内进行评估；
（2）牛只用头掏洞或用嘴搅动饲料即被视为挑食，如图视为挑食</td></tr>
</table>

（续）

一、生理福利		
1.5	是否发现奶牛挑食的证据	
1.6	是否有充足的词料？是否看到奶牛舔食饲喂道，并等待饲喂	（1）经和营养师落实，除故意空槽外； （2）牛群在投料前2h观测，是否有等待和舔食饲喂道
1.7	每头牛的采食空间（0.75m/荷斯坦）	（1）先测牛群密度最大的群； （2）计算采食位长度并数本群牛头数，计算采食位长度与本群牛头数的比值，如100m/128头=0.78m/头； （3）如果采食位是颈夹，则每头牛至少一个颈夹
1.8	饲喂道是否清洁卫生	随机时间观测，饲喂道包括整个采食道区域和工作区域
1.9	每日的饲喂次数	（1）询问饲养人员并在描述时间观测； （2）对泌乳牛群、干奶牛群进行观测
1.10	每日的推料次数	（1）适用于育成牛、干奶牛、泌乳牛； （2）观察有无牛只长时间够不着饲料
1.11	饲料保存是否良好？是否有发霉、被污染等饲料	（1）适用于所有牛群； （2）饲喂道投料后观察、青贮取料现场观察、饲料加工车间观察
2　饮水		
2.1	每群牛有多少个饮水点	（1）低于15头的牛栏必须有1个饮水点，超过15头的群体见细则； （2）检查每栏的饮水点类型及数量（饮水碗或浮球饮水设施数目）

（续）

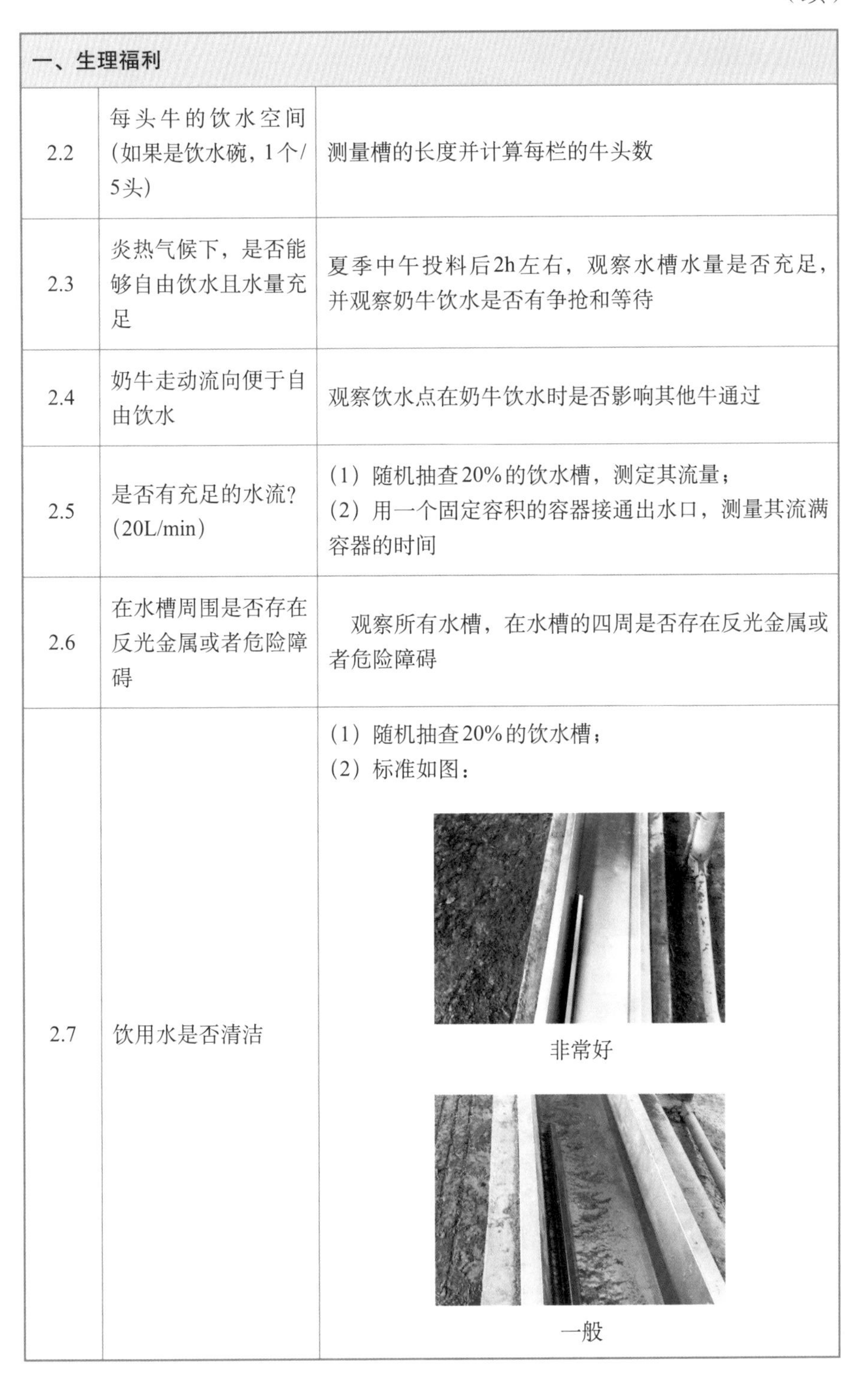

一、生理福利		
2.2	每头牛的饮水空间(如果是饮水碗，1个/5头)	测量槽的长度并计算每栏的牛头数
2.3	炎热气候下，是否能够自由饮水且水量充足	夏季中午投料后2h左右，观察水槽水量是否充足，并观察奶牛饮水是否有争抢和等待
2.4	奶牛走动流向便于自由饮水	观察饮水点在奶牛饮水时是否影响其他牛通过
2.5	是否有充足的水流？(20L/min)	(1) 随机抽查20%的饮水槽，测定其流量； (2) 用一个固定容积的容器接通出水口，测量其流满容器的时间
2.6	在水槽周围是否存在反光金属或者危险障碍	观察所有水槽，在水槽的四周是否存在反光金属或者危险障碍
2.7	饮用水是否清洁	(1) 随机抽查20%的饮水槽； (2) 标准如图： 非常好 一般

（续）

一、生理福利		
2.7	饮用水是否清洁	差
2.8	水槽与水碗的清洗频率如何	询问牧场相关人员并观察其是否按时清洗
二、行为福利		
1	多少头奶牛站立着，包括站立在卧床上的？多少头奶牛躺卧着	（1）适用于妊娠青年牛、干奶牛、泌乳牛； （2）牛群投料2h后观测，至少测2个栏舍； （3）计算所测栏舍内全部牛数以及站着的牛头数、躺卧的牛头数
2	是否有牛躺卧在过道或者交叉口	观察所有的牛舍，除病牛外有无躺卧在过道或者交叉口的牛只
3	是否可明显观察到患病、跛行、非常瘦或者有外伤的奶牛	（1）观察所有牛群，且尽量避免对奶牛的任何干扰； （2）在采食道或栏舍内观察牛只走路姿势、皮肤、膘情、神态： 走路姿势：有无弓腰、腿部不适； 皮肤：无毛或破损； 神态：是否警觉好奇或无精打采
4	是否看到积极的行为表征，如奶牛刷毛、扭头舔臀、社交行为等	（1）观察所有牛群，且尽量避免对动物的任何干扰； （2）在采食道或栏舍内（距离观测牛一定距离观察牛只）
5	牛只是否充满好奇，并且对人群的环绕没有应激表现	（1）观察所有牛群； （2）评估须慢慢从采食道边或栏舍内尝试靠近牛只，观测牛只和人员的亲近距离，达到50cm以内非常好，50 ~ 100cm一般，大于100cm差

（续）

二、行为福利		
6	瘤胃充盈度是否合适？是否看到瘤胃空空或者太满的牛	（1）征询营养师除去故意控制采食的牛群； （2）在采食道边或栏舍内观测牛只
7	是否看到尾部受损的牛	（1）观察所有牛群； （2）在采食道或栏舍内（距离观测牛一定距离观察牛只）； （3）每个栏舍至少观测20头牛，计算比例
8	牛头数与卧床的比	观测栏舍内牛只数量和卧床个数，进行计算
9	观察奶牛流动拥堵情况：死角或者较窄的通道，或牛体刷放置错误	（1）适用于妊娠青年牛、干奶牛、泌乳牛； （2）观察牛舍到挤奶厅的通道，以及拐弯的地方有无死角或容易拥堵的点，牛体刷是否会影响牛只通过
三、环境福利		
1　休息区域		
1.1	奶牛从上卧床到躺卧的时间是否过长（<1分）	（1）适用于有卧床的干奶牛、泌乳牛，每个群观测5～10头； （2）观测点距离以未影响到牛群为准，观测有躺卧先兆的牛只，从上卧床计时直到躺卧下经历的时长
1.2	奶牛躺下和站立是否自然（是否易滑，前倾突进空间？）	（1）适用于有卧床的干奶牛、泌乳牛，每个群观测5～10头； （2）观察牛只躺下和站立的姿态是否自然、从容，有无多次试探、尝试的行为
1.3	是否看到不同的自然躺卧姿势	（1）适用于有卧床的干奶牛、泌乳牛，每个群观测5～10头； （2）观察躺卧的姿势是否自然多样，判定标准如下： "宽"休息体位　"窄"休息体位　"短"休息体位　"长"休息体位

（续）

三、环境福利		
1.4	奶牛卫生评分如何（使用威斯康辛大学评分系统）	（1）适用于泌乳牛，每个栏舍随机观测6头； （2）评分标准如图： 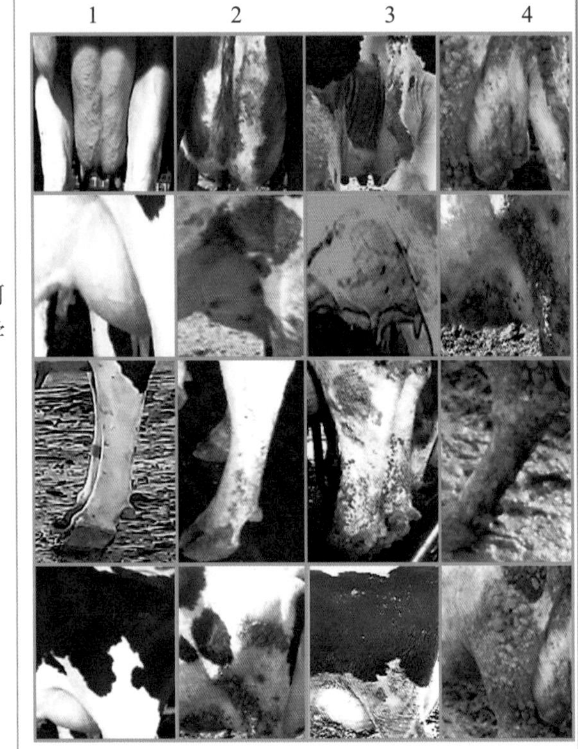
1.5	是否看到跗关节损伤	（1）适用于有卧床的干奶牛、泌乳牛，便于观察的点； （2）从侧面或前面、后面观察，是否有肿胀、皮毛损伤，如图判定： 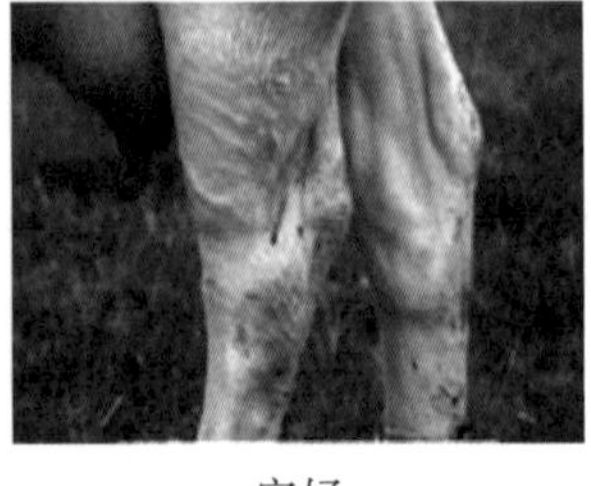 完好

（续）

三、环境福利		
1.5	是否看到跗关节损伤	轻微擦伤 严重肿胀
1.6	躺卧奶牛反刍百分比	（1）适用于泌乳牛，在不影响牛只的位置观测，至少观测2个栏舍； （2）在牛投料2h后观察； （3）计录反刍的牛只和栏舍牛只总数并计算
1.7	卧床是否舒适，干净且干燥（“跪地测试”）	（1）适用于泌乳牛、干奶牛，随机抽查亲自体验； （2）观察卫生状况及用手抓握感觉其干燥程度； （3）检测方式如图，柔软无痛感=好，坚硬有痛感=差，中间状态=一般

（续）

三、环境福利		
1.8	卧床设计是否有不正确的表征？特别是颈杠，前倾突进空间，宽度和反光金属	(1) 适用于有卧床的泌乳、干奶牛； (2) 观测：①牛只躺卧的顺利程度；②位置是否合理；③宽度；④是否有反光金属
1.9	在躺卧区域或卧床是否存在危险因子或者障碍	(1) 适用于所有牛群； (2) 观测躺卧区域是否有潜在导致奶牛受伤、不利于躺卧、站立状态及过程的障碍，如脱落的栏杆、裸露的钢筋、石块等
2　温度与照明		
2.1	是否能够在牛舍以及饲喂道上清晰地看到报纸的字	(1) 适用于泌乳牛舍； (2) 征询牧场人员照明方案，测定时间在要求光照的时间段内； (3) 拿一张普通字体的报纸在牛舍内饲喂道各个位置测试，计算其面积比例
2.2	24h内照明时间	(1) 适用于泌乳牛舍； (2) 征询牧场人员照明方案，抽查在要求光照的时间段内是否执行
2.3	是否有强光照射区域，致奶牛逃避此区域？（采食道、卧床等）	(1) 适用于泌乳牛舍、干奶牛、妊娠青年牛； (2) 白天观察所有不同类型的牛舍的采食道、卧床
2.4	高产牛的呼吸频率	(1) 随机观测20头牛，在不打扰观测牛的位置； (2) 对躺卧或站立的牛只观测，记录其1min内呼吸次数
2.5	使用THI表，热应激现状	(1) 适用于所有牛舍，在夏季观测； (2) 观测温度和湿度并查询THI表
2.6	热应激时是否有充分的通风（3m/s以及风扇位置）	(1) 适用于所有牛舍，在夏季观测； (2) 在采食道、卧床牛体位置、风扇远端用风速测量仪测量
2.7	空气质量评估（清洁，多尘，多氨，潮湿）	(1) 适用于所有牛舍，随机抽查； (2) 观测牛舍内（清洁，多尘）、感受（潮湿、多氨）、并测定（氨气）评价；

（续）

三、环境福利		
2.8	是否有可见的蜘蛛网或者窗户上有冷凝产生（通风不佳的信号）	(1) 适用于所有牛舍，随机抽查； (2) 观察牛舍的窗户或角落
2.9	是否有降温系统（喷淋、风扇、空调等）并充分使用	(1) 夏季观测泌乳牛舍、干奶牛、妊娠青年牛舍； (2) 有系统并能充分利用并达到降温的目的
四、卫生福利		
1 健康		
1.1	严重跛行的奶牛数目	(1) 适用于泌乳牛、干奶牛、妊娠青年牛，至少观测2个牛舍； (2) 观测并记录牛只行走中有明显跛行的牛只
1.2	任何不正常牛蹄表征（皮肤炎，蹄叶炎，蹄甲过长）	(1) 适用于泌乳牛； (2) 在挤奶厅观测蹄部情况更高效，并记录数量计算比例
1.3	腿部清洁平分或蹄部清洁评分	(1) 适用于泌乳牛； (2) 观测腿部及蹄部卫生情况，如图： 好　　　差
1.4	行走区域包括挤奶区域地面情况（不平，平整，粗糙，易滑，急弯）	(1) 对牛舍地面、挤奶通道、待挤厅地面进行评估； (2) 评估者按牛舍→通道→待挤厅→奶厅挤奶位→回牛通道→牛舍的顺序边走边观察完成评估
1.5	步行区域包括交叉区域的卫生状况	(1) 在挤奶前评估挤奶通道、回牛通道、投料通道的交叉区域； (2) 评估至少2个挤奶通道与投料通道的交叉区域

（续）

四、卫生福利		
1.6	清洁过道与交叉口的频率与方法	（1）征询牧场相关人员清洁过道与交叉口的频率与方法； （2）挤奶后进行验证
1.7	修蹄设备是否使用？是否有修蹄方案，每年修蹄的频率	（1）征询牧场人员了解修蹄的频率； （2）通过对蹄部健康进行验证
1.8	是否有蹄浴设备并正确使用	（1）征询牧场人员了解蹄浴的方案及频率； （2）随机对蹄浴实施情况进行验证
1.9	牛舍中是否使用橡胶地面？如行走区域，待挤区（列举）	评估者观察通道→待挤厅→奶厅挤奶位→回牛通道是否用到橡胶垫
1.10	严格完整执行挤奶流程（前药浴、三把奶、擦干、上杯、脱杯、后药浴）	在挤奶厅观察至少2个批次的完整挤奶流程
2　管理体系		
2.1	牧场兽医、饲养、繁育等技术人员是否有职业资格证	（1）与牧场办公区和牧场管理人员沟通，说明需要过目的文件资料； （2）征询牧场人员，了解是否有相关资料，并逐一查看验证
2.2	每个（饲养、兽医、繁育）技术人员和牛头数比例	征询牧场人员了解数量，并逐一查看验证、计算
2.3	是否有饲养、繁育、兽医人员的生物安全防护程序且执行	（1）征询牧场是否有方案并查看； （2）并逐一现场验证
2.4	有啮齿动物防护计划及执行	（1）征询牧场是否有方案并查看； （2）并逐一现场验证
2.5	有防蚊蝇的计划并实施	（1）征询牧场是否有防蚊蝇计划并查看； （2）逐一现场验证

（续）

四、卫生福利		
2.6	牧场是否饲养其他动物（包括猪、狗、羊、禽类、马等）	对牧场内各个区域进行查勘
2.7	有统一的兽医处方并保存完好	（1）征询牧场是否有统一的兽医处方，并查看； （2）逐一现场验证
2.8	无法移动病牛的营养保障和护理	（1）征询牧场是否有相关的措施及病牛； （2）病牛区或牛舍现场验证
2.9	濒死奶牛（或不能治愈的无法移动牛）无痛苦处死方案（安乐死等）	（1）征询牧场是否有无痛苦处死方案，并查看； （2）逐一现场验证
2.10	有灾害（火灾、水灾等）、供应中断（断电、断水、断料）应急预案	征询牧场是否有应急预案，并查看
五、心理福利		
1	没有暴打、怒斥牛只	（1）在病牛区、待挤区、奶厅观察； （2）挤奶期间在待挤厅、挤奶厅观察，随机观察奶牛保定过程
2	是否至少每头牛1个采食栏位	（1）适用于泌乳牛舍、干奶牛、妊娠青年牛； （2）评估以上3个牛群，并观测其比例；
3	奶牛在躺卧时是否舒适	（1）泌乳牛、干奶牛、病牛、妊娠青年牛舍； （2）在投料2h后评估躺卧情况
4	围产奶牛乳房是否有水肿表现	（1）在经产围产、青年围产舍观察； （2）观测1 ～ 2个牛舍所有牛只
5	围产牛的BCS控制准确（3 ～ 3.5）（> 90%为佳）	（1）在经产围产、青年围产舍观测； （2）观测1 ～ 2个牛舍所有牛只

（续）

五、心理福利		
6	是否有单独的干奶群、围产群和新产区	（1）征询牧场人员了解； （2）现场根据围产牛特征进行验证，如围产牛乳房发育较好，干奶牛乳房较小
7	卧床/躺卧/产犊区是否是最干净的	（1）在围产牛舍、新产牛舍、产房逐一评价，并对比泌乳牛牛舍； （2）95%以上躺卧区域没有粪尿或污物为好，80%以上躺卧区域没有粪尿和污物为一般，小于80%为差
8	干奶牛是否达到相应的照明标准（8h 180lx）	（1）征询牧场是否有照明标准，并查看； （2）现场对干奶牛舍、围产牛舍验证
9	围产群分组时是否最小化了牛群应激	查看牧场围产牛舍是否有密度大、不舒适、无防应激措施的情况
10	产后牛是否进行检查保健	（1）征询牧场实施方案，并查看； （2）现场对产房、新产牛舍、病牛舍验证
11	是否有管理人员及员工的奶牛福利培训计划，并经常培训	（1）征询牧场是否有培训计划文本，并查看； （2）逐一现场验证
12	牧场各环节有完善的SOP，并能严格执行	（1）征询牧场是否有流程文本，并查看； （2）随机抽查10个现场进行验证